Jyoti Kataria

Promover a educação para todos: aproveitar a IA para o Objetivo 4 dos ODS

Jyoti Kataria

Promover a educação para todos: aproveitar a IA para o Objetivo 4 dos ODS

ScienciaScripts

Imprint

Cover image: www.ingimage.com

This book is a translation from the original published under ISBN 978-620-7-46548-4.

Publisher:
Sciencia Scripts
is a trademark of
Dodo Books Indian Ocean Ltd. and OmniScriptum S.R.L publishing group

120 High Road, East Finchley, London, N2 9ED, United Kingdom
Str. Armeneasca 28/1, office 1, Chisinau MD-2012, Republic of Moldova, Europe
Printed at: see last page
ISBN: 978-620-7-74126-7

PREFÁCIO

No panorama em rápida evolução da educação, em que a tecnologia está a remodelar o próprio tecido da aprendizagem, "Advancing Education for All: Harnessing AI for SDG Goal 4" emerge como um farol oportuno de perspicácia e inovação. À medida que nos encontramos na intersecção da inteligência artificial e do Objetivo de Desenvolvimento Sustentável 4 (ODS 4) - garantir uma educação de qualidade inclusiva e equitativa para todos - este livro embarca numa exploração profunda de como a IA pode impulsionar-nos para alcançar esta nobre aspiração. Através de uma tapeçaria diversificada de perspectivas, "Advancing Education for All" navega no intrincado terreno da integração da IA no domínio da educação. Desde a investigação inovadora às implementações práticas, cada capítulo revela um mosaico de possibilidades, iluminando a forma como as tecnologias de IA podem capacitar os educadores, envolver os alunos e colmatar as lacunas que há muito impedem o acesso equitativo a uma educação de qualidade. Este livro é um testemunho dos esforços colectivos de académicos, profissionais e decisores políticos que estão empenhados em utilizar a inteligência artificial como catalisador do bem social. Este facto realça a importância de criar ecossistemas de colaboração que cultivem um ambiente propício à inovação e ao desenvolvimento de paradigmas educativos que sejam inclusivos. O apelo à ação que se encontra nestas páginas deve ser tomado em consideração ao embarcarmos nesta viagem. É um apelo para aproveitar o potencial transformador da inteligência artificial ao serviço do Objetivo de Desenvolvimento Sustentável 4, com o objetivo de garantir que a educação se torna verdadeiramente a pedra angular do desenvolvimento sustentável para toda a humanidade.

Sra. Jyoti Kataria

CONTEÚDO

CAPÍTULO 1

Introdução ao objetivo ODS 4

Visão geral do Objetivo de Desenvolvimento Sustentável 4 das Nações Unidas: Educação de Qualidade

O Objetivo de Desenvolvimento Sustentável 4 das Nações Unidas (ODS 4), intitulado "Educação de Qualidade", é a pedra angular dos esforços globais para garantir uma educação inclusiva e equitativa para todos. Consagrado na Agenda 2030 para o Desenvolvimento Sustentável, o ODS 4 reconhece a educação como um direito humano fundamental e um catalisador para o desenvolvimento sustentável nas dimensões social, económica e ambiental.

O desenvolvimento do Objetivo de Desenvolvimento Sustentável 4 das Nações Unidas (ODS 4) exige uma análise exaustiva dos seus componentes e dos esforços globais destinados a alcançar uma educação de qualidade para todos. Vamos aprofundar os aspectos multifacetados do ODS 4 sem plágio.

Acesso universal à educação: O ODS 4 sublinha a necessidade de proporcionar o acesso universal à educação, independentemente do género, da etnia, do contexto socioeconómico ou da localização geográfica. Este aspeto do objetivo reconhece que o acesso à educação não é apenas um direito humano básico, mas também um pré-requisito para o empoderamento individual e o desenvolvimento social. Os esforços para alcançar o acesso universal envolvem políticas e iniciativas destinadas a eliminar os obstáculos à escolarização, tais como a pobreza, a discriminação, as normas culturais e as infra-estruturas inadequadas.

Resultados de aprendizagem de qualidade: A garantia de resultados de aprendizagem de qualidade é parte integrante do ODS 4. Sublinha a importância não só de matricular as crianças nas escolas, mas também de garantir que recebem uma educação de elevada qualidade. A educação de qualidade vai além da memorização mecânica e dos testes padronizados; engloba o desenvolvimento do pensamento crítico, das capacidades de resolução de problemas, da criatividade e da literacia digital. Para alcançar resultados de aprendizagem de qualidade, é necessário investir na formação de professores, no desenvolvimento de currículos, em recursos educativos e em abordagens pedagógicas inovadoras que respondam a diversas necessidades e contextos de aprendizagem.

Igualdade de acesso ao ensino técnico, profissional e superior: O ODS 4 reconhece a importância do ensino técnico, profissional e superior na preparação dos indivíduos para as exigências da força de trabalho moderna e na promoção do desenvolvimento económico. A igualdade de acesso a estas formas de educação é essencial para promover a mobilidade social, reduzir a desigualdade e abordar a inadequação de competências no mercado de trabalho. Os esforços para alargar o acesso ao ensino técnico e profissional incluem a criação de centros de formação profissional, programas de aprendizagem e parcerias com as partes interessadas da indústria para garantir a relevância e a empregabilidade.

Eliminação das disparidades de género: As disparidades de género na educação continuam a ser um desafio significativo à escala mundial. As raparigas e as mulheres continuam a enfrentar obstáculos como as normas culturais, a violência baseada no género, o casamento precoce e a falta de acesso a recursos. O quarto Objetivo de Desenvolvimento Sustentável (ODS) apela à eliminação destas disparidades através de intervenções específicas, como campanhas de educação para raparigas, bolsas de estudo, fornecimento de instalações de higiene menstrual e defesa de políticas que tenham em conta as questões de género. O empoderamento das raparigas e das mulheres através da educação não só beneficia os indivíduos, como também fortalece as comunidades e contribui para o desenvolvimento de práticas sustentáveis entre as comunidades.

Ambientes de aprendizagem seguros e inclusivos: A criação de ambientes de aprendizagem seguros, inclusivos e de apoio é essencial para promover o desenvolvimento holístico e maximizar os resultados da aprendizagem. Esses ambientes dão prioridade à segurança física, ao bem-estar emocional, ao respeito pela diversidade e à promoção de valores e atitudes positivos. As estratégias para aumentar a segurança e a inclusão podem incluir iniciativas anti-bullying, programas de resolução de conflitos, instalações inclusivas para deficientes e práticas de ensino culturalmente relevantes que celebram a diversidade e promovem a coesão social.

Educação para o desenvolvimento sustentável: Uma componente fundamental do Objetivo de Desenvolvimento Sustentável 4 (ODS 4) é a educação para o desenvolvimento sustentável (EDS), que coloca a tónica no papel que a educação desempenha na promoção da gestão ambiental, da responsabilidade social e da cidadania global, respetivamente. A educação para o desenvolvimento sustentável (EDS) proporciona aos estudantes os conhecimentos, as competências e os valores necessários para abordar questões urgentes relacionadas com a sustentabilidade, como as alterações climáticas, a perda de biodiversidade, o esgotamento dos recursos e a desigualdade social. As abordagens interdisciplinares, as oportunidades de aprendizagem experimental, o envolvimento da comunidade e as parcerias com organizações ambientais e grupos da sociedade civil são componentes necessárias para incorporar a educação para o desenvolvimento sustentável (EDS) nos programas educativos.

A realização do ODS 4 requer esforços concertados a nível global, nacional e local para enfrentar os desafios multifacetados que os sistemas de educação enfrentam em todo o mundo. Ao dar prioridade ao acesso universal, aos resultados de aprendizagem de qualidade, à igualdade de género, aos ambientes inclusivos e à educação sustentável, as partes interessadas podem trabalhar em conjunto para concretizar o potencial transformador da educação e construir um futuro mais equitativo, inclusivo e sustentável para todos.

Importância do Objetivo 4 nas agendas globais de desenvolvimento

O Objetivo 4, "Educação de qualidade", no âmbito dos Objectivos de Desenvolvimento Sustentável (ODS) das Nações Unidas, tem um significado profundo nas agendas de desenvolvimento global devido ao seu papel fundamental na promoção do potencial humano, no crescimento económico e no progresso social em todo o mundo.

- **Fundação para o desenvolvimento sustentável:** A educação de qualidade serve de base para alcançar o desenvolvimento sustentável em todos os sectores. Ao dotar os indivíduos de conhecimentos, aptidões e competências, a educação permite-lhes participar de forma significativa na sociedade, contribuir para o crescimento económico e adaptar-se aos rápidos avanços tecnológicos.
- **Fator essencial para outros ODS: A** realização de outros Objectivos de Desenvolvimento Sustentável (ODS) está intrinsecamente ligada à educação. Não só é necessária para a promoção da saúde e do bem-estar (ODS 3), mas também para a promoção da igualdade de género (ODS 5), do trabalho digno e do crescimento económico (ODS 8), da redução das desigualdades (ODS 10) e da promoção da paz, da justiça e de instituições sólidas (ODS 16). Ao fornecer aos indivíduos as ferramentas necessárias para levar uma vida saudável, envolver-se em empregos produtivos, defender a justiça social e contribuir para uma coexistência pacífica, uma educação de qualidade capacita os indivíduos.
- **Redução da pobreza e desenvolvimento económico:** A educação desempenha um papel crucial na quebra do ciclo da pobreza e na promoção do desenvolvimento económico. A educação dota os indivíduos das competências necessárias para garantir um emprego remunerado, gerar rendimentos e fazer com que eles próprios e as suas comunidades saiam da pobreza. Além disso, as populações instruídas estão mais bem equipadas para

inovar, adaptar-se a cenários económicos em mutação e contribuir para a economia baseada no conhecimento.

- **Capacitação e coesão social:** Uma educação de qualidade permite que os indivíduos exerçam os seus direitos, tomem decisões informadas e participem ativamente nos processos democráticos. Promove a coesão social ao fomentar a empatia, a compreensão e o respeito pela diversidade. A educação serve também como instrumento de combate à discriminação, de promoção da tolerância e de construção de sociedades inclusivas onde todos os indivíduos são valorizados e respeitados.
- **Sustentabilidade ambiental e cidadania global:** Quando se trata de abordar questões ambientais urgentes e de cultivar um sentido de cidadania global, a educação para o desenvolvimento sustentável (EDS) é uma componente essencial. A educação prepara as gerações futuras para serem administradores responsáveis do planeta e agentes activos de mudanças positivas nas suas comunidades e não só. Isto é conseguido através da incorporação da educação ambiental nos currículos, da promoção de estilos de vida sustentáveis e do cultivo da gestão ambiental.
- **Resiliência e adaptação aos desafios:** Num mundo cada vez mais interligado e em rápida mutação, a educação confere aos indivíduos a resiliência e a adaptabilidade necessárias para enfrentar desafios complexos, incluindo pandemias, alterações climáticas, perturbações tecnológicas e crises humanitárias. Uma educação de qualidade promove o pensamento crítico, a capacidade de resolução de problemas e uma sede de aprendizagem ao longo da vida, permitindo aos indivíduos enfrentar e superar as adversidades.
- **Saúde e bem-estar:** Existe uma forte correlação entre a educação e os resultados em termos de saúde e bem-estar geral. Os indivíduos que recebem uma educação de qualidade estão equipados com os conhecimentos e as competências necessárias para tomar decisões informadas sobre a sua saúde, o que, em última análise, resulta em estilos de vida mais saudáveis, na

prevenção de doenças e num melhor acesso aos serviços de saúde. Além disso, as populações que receberam uma educação estão mais aptas a compreender as iniciativas de saúde pública, a participar em actividades que promovam a saúde e a defender políticas que promovam cuidados de saúde equitativos.

- **Inovação e avanço tecnológico:** A educação estimula a inovação e impulsiona o avanço tecnológico, fomentando a criatividade, a capacidade de resolução de problemas e a investigação científica. Uma educação de qualidade promove uma cultura de inovação, empreendedorismo e investigação, lançando as bases para os avanços tecnológicos, a prosperidade económica e o progresso social. Além disso, os indivíduos instruídos estão em melhor posição para se adaptarem às mudanças tecnológicas, aproveitarem as oportunidades emergentes e contribuírem para a economia do conhecimento.
- **Preservação cultural e do património:** A educação desempenha um papel crucial na preservação do património cultural, na promoção da diversidade linguística e no fomento da compreensão intercultural. Uma educação de qualidade valoriza e celebra as diversas identidades culturais, línguas e tradições, promovendo o respeito, o diálogo e a compreensão mútua entre indivíduos e comunidades. Ao incorporar a educação cultural nos currículos, os sistemas educativos podem capacitar os alunos para apreciarem e preservarem o património cultural, abraçando simultaneamente a cidadania global.
- **Acesso equitativo e inclusão:** O 4º objetivo coloca a tónica na importância de garantir que todos os indivíduos, incluindo as populações marginalizadas e vulneráveis, tenham igual acesso às oportunidades educativas sem discriminação. Para garantir que ninguém é deixado para trás, as iniciativas de educação de qualidade dão prioridade às necessidades das crianças portadoras de deficiência, dos refugiados, das pessoas deslocadas internamente, das comunidades indígenas e de outros grupos marginalizados. Os sistemas educativos podem criar oportunidades para que cada indivíduo realize o seu

pleno potencial e dê um contributo positivo para a sociedade, através da eliminação dos obstáculos à educação e da promoção de políticas e práticas inclusivas.

- **Aprendizagem ao longo da vida e desenvolvimento de competências**: A educação é um percurso ao longo da vida que se estende para além da escolaridade formal. Uma educação de qualidade promove a aprendizagem ao longo da vida e o desenvolvimento de competências, permitindo que os indivíduos se adaptem à evolução das necessidades da sociedade, prossigam um crescimento pessoal e profissional contínuo e se mantenham competitivos na economia global. As oportunidades de aprendizagem ao longo da vida permitem aos indivíduos adquirir novas competências, explorar interesses diversos e seguir carreiras gratificantes ao longo da vida.
- **Parcerias e colaboração:** A realização do Objetivo 4 exige esforços de colaboração entre governos, organizações da sociedade civil, o sector privado e parceiros internacionais. As parcerias e a colaboração são essenciais para mobilizar recursos, partilhar as melhores práticas e aumentar as intervenções educativas eficazes. Ao promover sinergias e alavancar a experiência colectiva, as partes interessadas podem maximizar o impacto dos investimentos na educação e acelerar o progresso para alcançar o ODS 4 e as metas relacionadas.

O Objetivo 4, "Educação de Qualidade", é um dos pilares dos esforços de desenvolvimento global, abrangendo um vasto leque de dimensões interligadas que abrangem a saúde, a inovação, a preservação cultural, a equidade, a aprendizagem ao longo da vida e a colaboração. Ao reconhecer os benefícios multifacetados da educação e ao dar prioridade aos investimentos numa educação de qualidade para todos, as sociedades podem libertar o potencial humano, promover o desenvolvimento sustentável e construir um mundo mais próspero e inclusivo para as gerações vindouras.

Introdução ao papel da IA na concretização dos ODS relacionados com a educação

Numa era caracterizada por avanços tecnológicos nunca antes vistos, a incorporação da inteligência artificial (IA) em contextos educativos é extremamente promissora para o avanço dos Objectivos de Desenvolvimento Sustentável (ODS) implementados pelas Nações Unidas, particularmente os que estão associados à educação. A inteligência artificial está a emergir como uma força transformadora capaz de revolucionar os paradigmas do ensino e da aprendizagem, de alargar o acesso aos recursos educativos e de promover resultados equitativos em diversas populações. Isto acontece numa altura em que as sociedades se esforçam por lidar com as complexidades de proporcionar uma educação de qualidade a todos.

O termo "inteligência artificial" (IA) refere-se à simulação de processos de inteligência humana por sistemas informáticos. Isto permite que as máquinas analisem dados, reconheçam padrões e tomem decisões informadas com um mínimo de intervenção humana. As aplicações da inteligência artificial no domínio da educação abrangem um vasto espetro, que vai desde os sistemas de tutoria inteligentes e as informações baseadas em dados para a elaboração de políticas educativas até às plataformas de aprendizagem personalizadas e às ferramentas de avaliação adaptativa.

O papel da IA na consecução dos ODS relacionados com a educação é multifacetado e engloba várias dimensões fundamentais:

- **Personalização e customização aprimoradas:** As tecnologias educativas baseadas em IA têm o potencial de personalizar as experiências de aprendizagem com base nas necessidades, preferências e estilos de aprendizagem individuais dos alunos. Ao analisar grandes quantidades de dados, os algoritmos de IA podem adaptar o conteúdo instrucional, o ritmo e os métodos de entrega para otimizar os resultados da aprendizagem e o envolvimento de diversos alunos.

- **Acesso alargado a uma educação de qualidade:** As inovações impulsionadas pela IA, como as plataformas de aprendizagem em linha, as salas de aula virtuais e as aplicações móveis, têm a capacidade de transcender as barreiras geográficas e alargar as oportunidades educativas a populações remotas e mal servidas. Através de tecnologias digitais possibilitadas pela IA, os alunos podem aceder a recursos educativos de alta qualidade, interagir com instrutores especializados e participar em experiências de aprendizagem colaborativas, independentemente da sua localização.
- **Tomada de decisões com base em dados:** A IA permite que os educadores, os decisores políticos e as partes interessadas no sector da educação tomem decisões informadas com base em dados em tempo real. Ao analisar os fluxos de dados educativos, os sistemas de IA podem identificar tendências, prever resultados de aprendizagem e recomendar intervenções baseadas em provas para melhorar a eficácia do ensino, a conceção de currículos e os serviços de apoio aos estudantes.
- **Facilitação da aprendizagem ao longo da vida:** Através do fornecimento de acesso contínuo a recursos educativos, oportunidades de desenvolvimento de competências e iniciativas de desenvolvimento profissional ao longo da vida, as tecnologias de inteligência artificial permitem que as pessoas continuem a aprender ao longo de toda a vida. Os aprendentes têm a possibilidade de adquirir novos conhecimentos, atualizar as suas competências e adaptar-se à evolução das exigências do mercado de trabalho graças à utilização da inteligência artificial (IA) através de algoritmos de aprendizagem adaptativos e de percursos de aprendizagem personalizados.

- **Abordar as desigualdades de aprendizagem e as lacunas nos resultados escolares:** As intervenções baseadas em IA têm o potencial de abordar as desigualdades de aprendizagem e reduzir as lacunas de desempenho entre as populações estudantis. Ao identificar alunos em risco, fornecer intervenções direccionadas e oferecer mecanismos de apoio personalizados, as plataformas educativas com recurso à IA esforçam-se por garantir que todos os alunos têm a oportunidade de ter sucesso académico e de atingir o seu pleno potencial.

- **Apoio aos professores e desenvolvimento profissional:** A IA pode aumentar as capacidades dos educadores, fornecendo-lhes ferramentas e recursos para o planeamento de aulas, classificação e gestão da sala de aula. Os sistemas inteligentes de tutoria e os assistentes virtuais de ensino podem ajudar os professores a fornecer instruções personalizadas, a identificar as necessidades de aprendizagem dos alunos e a adaptar as estratégias de ensino para maximizar o envolvimento e a compreensão dos alunos. Além disso, as plataformas alimentadas por IA podem oferecer oportunidades de desenvolvimento profissional para os educadores, incluindo módulos de formação personalizados, redes de colaboração entre pares e conhecimentos baseados em dados para melhorar as práticas de ensino e as abordagens pedagógicas.

- **Tradução de línguas e acessibilidade:** As tecnologias de inteligência artificial (IA), como o processamento de linguagem natural (PNL) e o reconhecimento de voz, permitem traduzir conteúdos educativos para várias línguas em tempo real, o que aumenta a acessibilidade para as comunidades que falam uma variedade de línguas. Há muitos casos em que as barreiras linguísticas dificultam o acesso das populações marginalizadas, como os refugiados, os migrantes e as comunidades indígenas, a uma educação de qualidade. É possível tornar os materiais didácticos mais acessíveis e inclusivos utilizando ferramentas de tradução que são alimentadas por inteligência artificial. Desta forma, os alunos têm a oportunidade de aceder aos conteúdos nas suas línguas maternas e de participar plenamente nas experiências educativas.

- **Desenvolvimento da primeira infância e envolvimento parental:** As aplicações educativas e as plataformas interactivas baseadas em IA desempenham um papel vital no desenvolvimento da primeira infância e na participação dos pais. Através de experiências de aprendizagem gamificadas, conteúdos multimédia e narração de histórias interactivas, as aplicações baseadas em IA podem estimular o desenvolvimento cognitivo, fomentar a criatividade e melhorar as competências de literacia e numeracia nas crianças pequenas. Além disso, as plataformas baseadas em IA facilitam o envolvimento dos pais no percurso de aprendizagem dos seus filhos, fornecendo acompanhamento dos progressos, recomendações de aprendizagem e feedback personalizado, reforçando assim a ligação casa-escola e promovendo resultados de aprendizagem positivos.

- **Avaliação adaptativa e análise da aprendizagem:** A compreensão do progresso dos alunos, das trajectórias de aprendizagem e das áreas de força e fraqueza pode ser obtida através da utilização de plataformas de análise da aprendizagem e de ferramentas de avaliação que são alimentadas por inteligência artificial. Os algoritmos de avaliação adaptativa têm a capacidade de ajustar dinamicamente o nível de dificuldade e o formato das tarefas de avaliação com base no desempenho de cada aluno. Isto permite uma avaliação mais exacta e significativa dos conhecimentos e competências dos alunos. A fim de identificar padrões, tendências e correlações nos comportamentos de aprendizagem dos alunos, a análise da aprendizagem utiliza técnicas de extração de dados e de modelação preditiva. Isto permite que os educadores adaptem as intervenções pedagógicas, forneçam feedback atempado e facilitem as experiências de aprendizagem, a fim de satisfazer as diversas necessidades de aprendizagem dos seus alunos.

- **Considerações éticas e cidadania digital:** medida que a IA se integra cada vez mais nos contextos educativos, é essencial abordar as considerações éticas e promover a utilização responsável da tecnologia. Os educadores e os decisores políticos devem dar prioridade à literacia digital e à educação para a cidadania para capacitar os alunos com os conhecimentos, as competências e os quadros éticos necessários para navegarem no panorama digital de forma responsável, avaliarem criticamente as fontes de informação e tomarem decisões éticas. Além disso, devem ser criadas salvaguardas para proteger a privacidade dos dados dos alunos, atenuar o enviesamento algorítmico e garantir a transparência e a responsabilização nos sistemas educativos baseados na IA.

Ao embarcarmos nesta viagem transformadora na intersecção da IA e da educação, é imperativo aproveitar o poder da tecnologia de forma responsável e ética. Embora a IA apresente oportunidades sem paralelo para a inovação e o progresso, também levanta questões importantes relacionadas com a privacidade dos dados, o preconceito algorítmico, a inclusão digital e considerações éticas em contextos educativos.

Ao adotar uma abordagem centrada no ser humano para a incorporação da inteligência artificial em ambientes educativos e ao cultivar parcerias de colaboração entre várias partes interessadas, podemos aproveitar todo o potencial da IA para fazer avançar os Objectivos de Desenvolvimento Sustentável (ODS) relacionados com a educação, capacitar os alunos e construir um futuro mais inclusivo e equitativo para todos. Mantenhamo-nos firmes no nosso compromisso de tirar partido da tecnologia como catalisador de mudanças sociais positivas e do desenvolvimento sustentável, à medida que navegamos na complexa paisagem da educação possibilitada pela inteligência artificial (IA).

CAPÍTULO 2

Compreender os desafios globais da educação

Panorama dos principais desafios da educação a nível mundial

A educação é universalmente reconhecida como um direito humano fundamental e um fator-chave do desenvolvimento sustentável. No entanto, apesar dos progressos significativos registados nas últimas décadas, persistem numerosos desafios para garantir um acesso equitativo a uma educação de qualidade para todos os indivíduos em todo o mundo. Eis uma panorâmica de alguns dos principais desafios que se colocam à educação a nível mundial:

- **Falta de acesso e disparidades nas matrículas:** Milhões de crianças e adolescentes em todo o mundo ainda não têm acesso ao ensino básico. Existem disparidades nas matrículas com base em factores como o género, o estatuto socioeconómico, a etnia, a deficiência e a localização geográfica. As barreiras ao acesso incluem a pobreza, infra-estruturas inadequadas, normas culturais, conflitos e deslocações, trabalho infantil e discriminação.

- **Qualidade e relevância da educação:** Mesmo quando as crianças estão matriculadas em escolas, há uma enorme variação tanto na qualidade como na relevância da educação que recebem. Em muitas escolas, há uma falta generalizada de professores qualificados, de materiais educativos adequados e de ambientes de aprendizagem seguros. Quando se trata de equipar os alunos com o pensamento crítico, a resolução de problemas e as competências de literacia digital necessárias para o sucesso no século XXI, os currículos desactualizados, a memorização mecânica e as abordagens pedagógicas rígidas são frequentemente ineficazes.

- **Crise de aprendizagem e baixos resultados de aprendizagem:** Uma proporção significativa das crianças que frequentam a escola não está a adquirir competências básicas de literacia e numeracia. A crise global de aprendizagem é caracterizada por baixos resultados de aprendizagem, elevadas taxas de abandono escolar e fracas taxas de retenção. Os factores que contribuem para a crise de aprendizagem incluem salas de aula sobrelotadas, formação inadequada dos professores, barreiras linguísticas e falta de envolvimento dos pais na educação das crianças.

- **Disparidades de género na educação:** No domínio da educação, continuam a existir disparidades entre os sexos, especialmente em áreas onde as normas culturais valorizam mais a educação dos rapazes do que a das raparigas. As raparigas enfrentam obstáculos que dificultam a sua assiduidade à escola e a conclusão dos estudos. Estes obstáculos incluem o casamento precoce, a violência baseada no género, as responsabilidades domésticas e a falta de acesso a instalações de higiene menstrual.

- **Financiamento e afetação de recursos inadequados:** Muitos sistemas educativos em todo o mundo sofrem de subfinanciamento crónico e de limitações de recursos. O investimento público limitado na educação resulta em salas de aula sobrelotadas, instalações obsoletas, materiais didácticos insuficientes e salários inadequados dos professores. As disparidades de recursos entre as zonas urbanas e rurais agravam as desigualdades em termos de oportunidades e resultados educativos.

- **Conflito, deslocação e perturbação da educação:** As populações afectadas por conflitos e deslocadas, incluindo refugiados, pessoas deslocadas internamente (IDPs) e crianças migrantes, enfrentam barreiras significativas no acesso à educação. A deslocação perturba a continuidade da escolaridade, agrava o trauma e os problemas de saúde mental e expõe as crianças a riscos como o trabalho infantil, a exploração e o recrutamento para grupos armados.

- **Desigualdades no acesso ao ensino superior:** As desigualdades no acesso ao ensino superior persistem, sobretudo para os grupos marginalizados e as populações desfavorecidas. As instituições de ensino superior dão frequentemente prioridade aos estudantes de elite provenientes de meios privilegiados, perpetuando as desigualdades socioeconómicas e limitando a mobilidade social. A acessibilidade económica, as bolsas de estudo limitadas e a falta de preparação académica também constituem barreiras ao acesso ao ensino superior para muitas pessoas.

- **Educação em situações de emergência e de crise:** Continuam a existir disparidades de género na educação, sobretudo em zonas onde as normas culturais valorizam mais a educação dos rapazes do que a das raparigas. Para que as raparigas possam frequentar a escola de forma consistente e concluir a sua educação, são confrontadas com obstáculos como o casamento precoce, a violência baseada no género, as responsabilidades domésticas e a falta de acesso a instalações de higiene menstrual.
- **Barreiras linguísticas e culturais:** As barreiras linguísticas colocam desafios significativos à educação, sobretudo para os falantes de línguas minoritárias e para as comunidades indígenas. Em muitas regiões, as escolas funcionam em línguas que não são faladas em casa, criando barreiras de comunicação e dificultando os resultados da aprendizagem. A falta de currículos e de materiais didácticos culturalmente relevantes afasta ainda mais os alunos das minorias, conduzindo ao seu desinteresse e insucesso escolar.
- **Formação e desenvolvimento profissional inadequados dos professores:** Apesar do facto de a qualidade dos professores ser um fator significativo na determinação dos resultados da educação, muitos sistemas educativos são afectados por oportunidades insuficientes de desenvolvimento profissional e cursos de formação para professores. Os professores carecem frequentemente de competências pedagógicas, de conhecimentos especializados na matéria e de apoio, o que lhes dificulta a participação efectiva dos alunos e a diferenciação do ensino. A falta de formação adequada para os professores é

um fator que contribui para as elevadas taxas de rotação de professores, para o esgotamento dos professores e para o declínio da moral da profissão docente.

- **Fosso digital e desigualdades tecnológicas:** O fosso digital agrava as desigualdades na educação, com as comunidades marginalizadas a carecerem desproporcionadamente de acesso à tecnologia e aos recursos digitais. A conetividade limitada à Internet, as infra-estruturas inadequadas e os elevados custos dos dispositivos dificultam a capacidade dos alunos para participarem na aprendizagem em linha e acederem a materiais educativos digitais. As desigualdades tecnológicas aprofundam as disparidades existentes em termos de oportunidades educativas e exacerbam o fosso de aprendizagem entre estudantes ricos e desfavorecidos.

- **Educação para o desenvolvimento sustentável:** A incorporação de princípios de sustentabilidade nos currículos educativos continua a ser um desafio, apesar da crescente consciencialização do significado da educação para o desenvolvimento sustentável (EDS). Muitos sistemas educativos dão mais importância à memorização e aos testes normalizados do que a abordagens interdisciplinares e experimentais que cultivem a gestão ambiental, a responsabilidade social e a cidadania global. Para enfrentar os desafios associados à sustentabilidade, é necessário reorientar os sistemas educativos para uma abordagem holística que prepare os estudantes para lidar com questões ambientais, sociais e económicas complexas.

- **Privacidade dos dados e considerações éticas:** A utilização crescente de tecnologias educativas e a tomada de decisões com base em dados suscitam preocupações sobre a privacidade dos dados, a segurança e considerações éticas. As violações da privacidade dos dados dos alunos, a partilha não autorizada de dados e o enviesamento algorítmico representam riscos para a confidencialidade dos alunos e minam a confiança nas instituições de ensino. A proteção da privacidade dos estudantes e a promoção de uma utilização ética dos dados exigem políticas sólidas, práticas transparentes e quadros de governação de dados responsáveis.

- **Educação inclusiva para estudantes com deficiência:** O acesso a um ensino inclusivo e de alta qualidade é frequentemente difícil para os alunos com deficiência, que frequentemente enfrentam barreiras significativas. É possível que os alunos com deficiência sejam excluídos dos contextos educativos normais devido a uma combinação de factores, incluindo adaptações insuficientes, ambientes de aprendizagem inacessíveis e atitudes negativas. A adoção de princípios de desenho universal, a disponibilização de tecnologias de apoio e o desenvolvimento de uma cultura escolar solidária e inclusiva que celebre a diversidade e promova a pertença de todos os alunos são passos necessários no processo de promoção da educação inclusiva.
- **Alterações climáticas e educação ambiental:** As alterações climáticas representam ameaças existenciais para os sistemas educativos, com o aumento das temperaturas, os fenómenos meteorológicos extremos e a degradação ambiental a perturbar a escolaridade e a pôr em risco as infra-estruturas educativas. A incorporação da educação ambiental e da literacia climática nos currículos é essencial para criar resiliência, promover estilos de vida sustentáveis e capacitar os alunos para mitigarem e se adaptarem aos impactos das alterações climáticas.

A resposta a estes desafios multifacetados no domínio da educação exige esforços concertados, parcerias de colaboração e soluções inovadoras adaptadas aos contextos e necessidades específicos de diversas comunidades. Ao dar prioridade à equidade, à inclusão e à sustentabilidade nas políticas e práticas educativas, as sociedades podem desbloquear o poder transformador da educação como catalisador da justiça social, do desenvolvimento económico e da gestão ambiental.

Disparidades no acesso a uma educação de qualidade

As disparidades no acesso a uma educação de qualidade continuam a ser um obstáculo formidável, pondo em evidência as clivagens acentuadas que existem em termos geográficos, de estatuto socioeconómico e de género. As comunidades localizadas em zonas rurais e remotas ficam mal servidas e isoladas das oportunidades educativas devido à falta de infra-estruturas educativas adequadas, que incluem escolas e redes de transportes. A disparidade é agravada pelo acesso limitado aos recursos educativos, o que agrava ainda mais a desvantagem educativa que os estudantes enfrentam nestas regiões. Além disso, o estatuto socioeconómico tem um impacto significativo na disponibilidade de uma educação de qualidade. As crianças provenientes de famílias com baixos rendimentos enfrentam obstáculos formidáveis, tais como recursos financeiros limitados e apoio insuficiente dos pais. A existência destes obstáculos impede-as de se matricularem em escolas de qualidade suficiente e de terem acesso aos recursos educativos necessários, perpetuando assim ciclos de pobreza e desigualdade. Por outro lado, as famílias ricas utilizam os seus recursos financeiros para matricular os seus filhos em escolas privadas, contratar tutores e participar em actividades de enriquecimento. Isto proporciona aos seus filhos melhores oportunidades de educação e aumenta a probabilidade de alcançarem o sucesso académico. As raparigas são afectadas de forma desproporcionada pelas normas culturais, pela discriminação baseada no género e pelas barreiras ao acesso à educação. Esta situação é ainda mais complicada pelas disparidades de género, que agravam ainda mais o problema. Para resolver eficazmente estas disparidades, é necessária uma abordagem multifacetada que aborde as desigualdades sistémicas, fomente políticas educativas inclusivas e promova oportunidades equitativas para todos os alunos, independentemente da sua origem ou circunstâncias. As disparidades no acesso a uma educação de qualidade continuam a ser um obstáculo formidável, pondo em evidência as fortes clivagens que existem em termos geográficos, de estatuto socioeconómico e de género. As comunidades localizadas em zonas rurais e remotas ficam mal servidas e isoladas das oportunidades educativas devido à falta de infra-estruturas educativas adequadas, que incluem escolas e redes de transportes. A disparidade é agravada pelo acesso limitado aos recursos educativos, o que agrava ainda mais a desvantagem educativa que os estudantes enfrentam nestas regiões. Além disso, o estatuto socioeconómico tem um impacto significativo na disponibilidade de uma educação de qualidade. As crianças provenientes de famílias com baixos rendimentos enfrentam obstáculos formidáveis, tais como recursos financeiros limitados e apoio insuficiente dos pais. A existência destes obstáculos impede-as de se matricularem em escolas de qualidade suficiente e de terem acesso aos recursos educativos necessários, perpetuando assim ciclos de pobreza e desigualdade. Por outro lado, as famílias ricas utilizam os seus recursos financeiros para matricular os seus filhos em escolas privadas, contratar tutores e participar em actividades de enriquecimento. Isto proporciona aos seus filhos melhores oportunidades de educação e aumenta a probabilidade de alcançarem o sucesso académico. As raparigas são afectadas de forma desproporcionada pelas normas culturais, pela discriminação baseada no género e pelas barreiras ao acesso à educação. Esta situação é ainda mais complicada pelas disparidades de género, que agravam ainda mais o problema. Para resolver eficazmente estas disparidades, é necessária uma abordagem multifacetada que aborde as desigualdades sistémicas, fomente políticas educativas inclusivas e promova oportunidades equitativas para todos os alunos, independentemente da sua origem ou circunstâncias. Eis alguns dos principais factores que contribuem para as disparidades no acesso a uma educação de qualidade:

- **Desigualdade socioeconómica:** O estatuto socioeconómico é um fator determinante do acesso à educação e dos seus resultados. As crianças de famílias com baixos rendimentos enfrentam frequentemente barreiras como o acesso inadequado a recursos educativos, o envolvimento limitado dos pais e taxas mais elevadas de mobilidade e instabilidade, que contribuem para as disparidades em termos de sucesso e de resultados escolares.

- **Desafios geográficos:** As comunidades rurais e remotas carecem frequentemente de acesso a instalações educativas de qualidade, a professores qualificados e a infra-estruturas educativas. As opções de transporte limitadas, o isolamento geográfico e o subinvestimento no ensino rural agravam as disparidades no acesso ao ensino entre as zonas urbanas e rurais, conduzindo a oportunidades e resultados educativos desiguais.

- **Disparidades de género:** As desigualdades entre os sexos persistem no acesso à educação, sobretudo em regiões onde as normas culturais dão prioridade à educação dos rapazes em detrimento da das raparigas. As raparigas enfrentam frequentemente obstáculos como o casamento precoce, a violência baseada no género, as responsabilidades domésticas e a falta de acesso a instalações de higiene menstrual, que impedem a sua capacidade de frequentar a escola regularmente e de concluir a sua educação. As disparidades de género na educação perpetuam desigualdades sociais e económicas mais amplas e impedem o progresso no sentido da igualdade de género e do empoderamento das mulheres.

- **Discriminação étnica e racial:** As minorias étnicas e raciais são frequentemente objeto de discriminação e marginalização nos sistemas de ensino, o que conduz a disparidades no acesso ao ensino, nas oportunidades e nos resultados. As barreiras linguísticas, os preconceitos culturais, os estereótipos e a falta de uma pedagogia culturalmente recetiva contribuem para as desigualdades educativas e impedem o sucesso académico dos estudantes das minorias.

- **Deficiência e necessidades educativas especiais:** As pessoas com deficiência enfrentam barreiras significativas no acesso a um ensino de qualidade, incluindo barreiras físicas, falta de apoio pedagógico especializado e atitudes negativas em relação à deficiência. Ambientes escolares inacessíveis, adaptações limitadas e formação insuficiente dos professores contribuem para práticas de exclusão que perpetuam as disparidades no acesso ao ensino e nos resultados dos alunos com deficiência.
- **Língua e diversidade linguística:** As barreiras linguísticas colocam desafios ao acesso e ao sucesso escolar, sobretudo para os falantes de línguas minoritárias e para as comunidades indígenas. Em muitos contextos, as escolas funcionam em línguas que não são faladas em casa, criando barreiras de comunicação e dificultando os resultados da aprendizagem. A falta de currículos e materiais didácticos culturalmente relevantes afasta ainda mais os alunos das minorias e contribui para as disparidades educativas.
- **Fosso digital e desigualdades tecnológicas:** O fosso digital agrava as desigualdades na educação, com as comunidades marginalizadas a carecerem desproporcionadamente de acesso à tecnologia e aos recursos digitais. A conetividade limitada à Internet, as infra-estruturas inadequadas e os elevados custos dos dispositivos dificultam a capacidade dos alunos para participarem na aprendizagem em linha e acederem a materiais educativos digitais. As desigualdades tecnológicas aprofundam as disparidades existentes em termos de oportunidades educativas e exacerbam o fosso de aprendizagem entre estudantes ricos e desfavorecidos.

Impacto dos factores socioeconómicos nas oportunidades de educação

Os factores socioeconómicos exercem uma profunda influência nas oportunidades de educação, moldando o acesso, a qualidade e os resultados dos indivíduos em todo o mundo. Estes factores abrangem várias dimensões do estatuto socioeconómico de um indivíduo, incluindo o rendimento, a educação dos pais, a profissão, a riqueza e as características do bairro. Compreender o impacto dos factores socioeconómicos nas oportunidades educativas é crucial para identificar as disparidades e conceber intervenções para promover o acesso equitativo a uma educação de qualidade. Eis algumas das principais formas em que os factores socioeconómicos têm impacto nas oportunidades educativas:

- **Acesso a recursos e oportunidades:** O estatuto socioeconómico determina frequentemente o acesso a recursos e oportunidades que apoiam o sucesso escolar. As famílias com rendimentos mais elevados dispõem normalmente de maiores recursos financeiros para investir em materiais educativos, actividades extracurriculares, serviços de tutoria e programas de enriquecimento para os seus filhos. O acesso a cuidados de saúde de qualidade, alimentos nutritivos, habitação estável e bairros seguros também influencia a prontidão das crianças para aprender e o seu sucesso académico.
- **Educação e envolvimento dos pais:** Os níveis de educação dos pais influenciam significativamente os resultados e as aspirações educativas das crianças. Os pais com níveis de educação mais elevados são mais propensos a valorizar a educação, a dar prioridade ao sucesso académico e a proporcionar um ambiente de aprendizagem favorável em casa. Também é mais provável que se envolvam em actividades educativas, como ler para os filhos, monitorizar os trabalhos de casa e defender as necessidades educativas dos filhos, o que tem um impacto positivo no desempenho académico e no sucesso escolar das crianças.
- **Expectativas e aspirações educativas:** O contexto socioeconómico molda as expectativas e aspirações educativas dos indivíduos, influenciando a sua motivação, persistência e escolhas educativas. As crianças oriundas de meios socioeconómicos favorecidos têm mais probabilidades de aspirar a níveis de ensino mais elevados, de obter diplomas universitários e avançados e de seguir

carreiras que exigem níveis de ensino mais elevados. Inversamente, as crianças de meios desfavorecidos podem ter uma exposição limitada a oportunidades de educação e de carreira, o que conduz a aspirações educativas mais baixas e a expectativas reduzidas de sucesso académico.

- **Acesso a escolas e recursos educativos de elevada qualidade:** O acesso a escolas de elevada qualidade, a professores experientes, a currículos rigorosos e a recursos educativos é frequentemente determinado pelo estatuto socioeconómico de uma pessoa. As escolas das comunidades abastadas são normalmente bem financiadas e equipadas com instalações modernas, turmas pequenas, cursos de nível avançado e programas de enriquecimento. Estas escolas oferecem aos alunos a oportunidade de alcançar a excelência e o enriquecimento académicos. Por outro lado, as comunidades com baixos rendimentos podem não ter acesso a recursos educativos suficientes, a professores com experiência suficiente e a actividades extracurriculares, o que pode restringir as oportunidades educativas disponíveis para os alunos e o seu desempenho académico.
- **Fosso digital e acesso tecnológico:** As disparidades socioeconómicas contribuem para o fosso digital, sendo mais provável que as famílias ricas tenham acesso à tecnologia e à ligação à Internet de alta velocidade. O acesso a computadores, tablets e dispositivos com acesso à Internet permite que os alunos acedam a recursos de aprendizagem em linha, façam investigação e colaborem com os colegas, melhorando as suas oportunidades educativas e competências de literacia digital. Em contrapartida, os estudantes de agregados familiares com baixos rendimentos podem não ter acesso à tecnologia e a uma ligação fiável à Internet, o que agrava as desigualdades educativas e limita a sua capacidade de participar na aprendizagem em linha e no desenvolvimento de competências digitais.

- **Mobilidade educativa e capital social:** O estatuto socioeconómico molda as redes sociais dos indivíduos, o acesso a oportunidades educativas e as vias para a mobilidade educativa. As famílias abastadas dispõem frequentemente de capital social e de redes que facilitam o acesso a escolas de elite, estágios, bolsas de estudo e oportunidades de emprego, proporcionando aos seus filhos vantagens nas esferas educativa e profissional. Em contrapartida, as crianças de meios desfavorecidos podem enfrentar redes sociais limitadas, obstáculos ao acesso a recursos educativos e oportunidades reduzidas de progressão e mobilidade educativa.

É necessário envidar esforços concertados para resolver as desigualdades sistémicas, alargar o acesso a uma educação de elevada qualidade e prestar apoio específico aos estudantes oriundos de meios desfavorecidos, a fim de resolver o impacto que os factores socioeconómicos têm nas oportunidades educativas. É possível que as sociedades trabalhem para o objetivo de garantir que todos os indivíduos, independentemente da sua origem ou circunstâncias socioeconómicas, tenham oportunidades equitativas de acesso e beneficiem de uma educação de qualidade, se derem prioridade à equidade, à inclusão e à justiça social nas políticas e práticas educativas.

CAPÍTULO 3

Aplicações da IA no acesso e equidade na educação

O papel da IA na melhoria do acesso à educação em zonas remotas e mal servidas

O papel da Inteligência Artificial (IA) na melhoria do acesso à educação em áreas remotas e mal servidas é fundamental para transformar o panorama da educação global. A IA oferece soluções inovadoras para enfrentar os desafios do isolamento geográfico, dos recursos limitados e das infra-estruturas inadequadas que muitas vezes dificultam as oportunidades educativas em comunidades remotas e carenciadas. Ao tirar partido das tecnologias baseadas na IA, as partes interessadas no sector da educação podem ultrapassar as barreiras ao acesso, expandir as oportunidades de aprendizagem e capacitar os alunos, mesmo nos cantos mais remotos do mundo.

A criação de plataformas de aprendizagem personalizadas e de tecnologias educativas adaptativas é uma das principais formas de a inteligência artificial (IA) ajudar a alargar o acesso a oportunidades educativas. Os algoritmos de inteligência artificial são utilizados por estas plataformas para analisar os dados dos alunos, determinar as necessidades individuais de aprendizagem e proporcionar experiências de aprendizagem individualizadas, adaptadas ao ritmo, às preferências e ao estilo de aprendizagem de cada aluno. As plataformas de aprendizagem personalizada dão aos alunos acesso a conteúdos educativos de alta qualidade, tutoriais interactivos e avaliações adaptativas, o que incentiva a aprendizagem autónoma e os resultados académicos. Estas plataformas são particularmente úteis em áreas mal servidas e remotas, onde o acesso a professores qualificados pode ser limitado.

Os ambientes virtuais de aprendizagem e as salas de aula digitais alimentadas por inteligência artificial desempenham um papel importante na expansão das oportunidades educativas a comunidades geograficamente isoladas. Os alunos podem participar em aulas interactivas, interagir com conteúdos multimédia e colaborar com os seus colegas e professores em tempo real através da utilização de salas de aula virtuais. Isto é possível independentemente da distância geográfica que os separa. Os alunos de zonas remotas podem explorar locais distantes, realizar experiências virtuais e interagir com conceitos complexos de uma forma prática graças às tecnologias de realidade virtual (RV) e realidade aumentada (RA), que oferecem experiências de aprendizagem imersivas que transcendem as fronteiras físicas. Isto permite que os alunos tenham uma experiência educativa mais enriquecedora e promove uma compreensão mais profunda da matéria.

As tecnologias baseadas na inteligência artificial, que traduzem línguas e reconhecem a fala, facilitam a aprendizagem de línguas e o desenvolvimento de competências de literacia em contextos multilingues e multiculturais. Graças a estas tecnologias, os alunos têm a possibilidade de aceder a conteúdos educativos nas suas línguas maternas, receber traduções de materiais didácticos em tempo real e praticar competências linguísticas através de aplicações interactivas com voz. As ferramentas de aprendizagem de línguas que são alimentadas por inteligência artificial promovem a inclusão, facilitam a comunicação e melhoram o acesso a oportunidades educativas para os alunos que falam uma variedade de línguas em áreas mal servidas e remotas e onde a diversidade linguística é predominante.

O desenvolvimento de sistemas de tutoria inteligentes e de chatbots educativos é outro contributo significativo da inteligência artificial para a melhoria do acesso à educação em zonas mal servidas e fora de alcance. Estas ferramentas, alimentadas por inteligência artificial, oferecem apoio académico personalizado, respondem a questões colocadas pelos alunos e dão feedback sobre trabalhos e avaliações. Servem de complemento ao papel dos professores tradicionais e colmatam as lacunas no apoio pedagógico. Os sistemas de tutoria inteligente e os chatbots educativos funcionam como mentores virtuais e companheiros de aprendizagem em regiões onde o acesso a educadores qualificados é limitado. Estes sistemas guiam os alunos através de conceitos difíceis, reforçam os objectivos de aprendizagem e ajudam no desenvolvimento de competências académicas.

A identificação dos alunos em risco, o acompanhamento do seu progresso na aprendizagem e a implementação de intervenções específicas para apoiar o sucesso dos alunos são possíveis graças a ferramentas de análise de dados e de modelação preditiva que são alimentadas pela inteligência artificial. Através da análise de grandes quantidades de dados educativos, os algoritmos de inteligência artificial são capazes de reconhecer padrões, tendências e correlações no desempenho dos alunos. Além disso, estes algoritmos são capazes de prever os resultados da aprendizagem e sugerir intervenções personalizadas para enfrentar os desafios académicos e evitar as taxas de abandono escolar. Em áreas mal servidas e remotas, onde os recursos educativos são limitados, a tomada de decisões baseada em dados dá aos educadores e aos decisores políticos a capacidade de afetar eficazmente os recursos, implementar intervenções apoiadas em provas e maximizar os resultados educativos para todos os alunos.

Em áreas remotas e mal servidas, a disponibilidade de recursos de aprendizagem diversificados e culturalmente relevantes é aumentada através da utilização de bibliotecas digitais e de ferramentas de criação de conteúdos educativos alimentadas por inteligência artificial. Estas ferramentas recorrem a metodologias de inteligência artificial para fazer a curadoria de materiais didácticos, desenvolver conteúdos multimédia interactivos e adaptar os recursos didácticos às necessidades e interesses específicos de uma vasta gama de populações de alunos. Nas zonas em que os estudantes têm um acesso limitado aos materiais de aprendizagem e manuais escolares tradicionais, as ferramentas de criação de conteúdos baseadas na inteligência artificial democratizam o acesso aos recursos educativos, promovem ambientes de aprendizagem inclusivos e fomentam uma cultura de aprendizagem ao longo da vida entre os estudantes e as comunidades.

Os estudantes de zonas remotas e carenciadas podem participar em exames e programas de certificação de grande importância através da utilização de tecnologias alimentadas por inteligência artificial, conhecidas como controlo e avaliação remotos. Estas tecnologias eliminam a necessidade de os estudantes estarem fisicamente presentes nos centros de exame. Os estudantes podem fazer os exames num ambiente seguro, no conforto das suas casas, graças a soluções que proporcionam o controlo remoto. Durante o processo de avaliação, os algoritmos de inteligência artificial monitorizam o comportamento dos estudantes, identificam inconsistências e asseguram a manutenção da integridade académica. Através da utilização de tecnologias de controlo remoto, não só são eliminadas as barreiras geográficas aos testes, como também é oferecida aos estudantes de zonas remotas e carenciadas uma opção de avaliação flexível e acessível. Isto resulta numa expansão das oportunidades de progressão académica e desenvolvimento profissional.

A colaboração, a partilha de conhecimentos e a criação de capacidades são facilitadas em áreas remotas e mal servidas através da utilização de iniciativas de sensibilização educativa e de envolvimento da comunidade que são alimentadas pela inteligência artificial. A divulgação de informações, a realização de programas de formação e a prestação de serviços de apoio a estudantes, pais e educadores em comunidades remotas são possíveis através da utilização de chatbots alimentados por inteligência artificial, aplicações móveis e fóruns em linha através de organizações educativas e partes interessadas da comunidade. Ao fomentar parcerias, capacitar as partes interessadas locais e promover iniciativas de base que respondam às necessidades e prioridades educativas específicas de populações carenciadas e remotas, as plataformas de envolvimento da comunidade que são alimentadas por inteligência artificial (IA) ajudam a construir vias sustentáveis para a equidade educativa e a inclusão social.

A inteligência artificial desempenha um papel transformador na melhoria do acesso à educação em zonas remotas e mal servidas. Oferece soluções inovadoras para ultrapassar as barreiras geográficas, alargar as oportunidades de aprendizagem e capacitar os alunos, mesmo nas comunidades mais isoladas. Ao utilizar tecnologias impulsionadas pela inteligência artificial, as partes interessadas no sector da educação podem personalizar as experiências de aprendizagem, criar ambientes virtuais inclusivos e implementar intervenções baseadas em dados que optimizem os resultados educativos de todos os alunos, independentemente da sua localização ou contexto socioeconómico. À medida que a inteligência artificial (IA) continua a desenvolver-se e a progredir, o seu potencial para democratizar o acesso a uma educação de qualidade e para catalisar mudanças sociais positivas em áreas remotas e mal servidas continua a ser incomparável. Isto abrirá caminho a um futuro mais equitativo e inclusivo para os estudantes de todo o mundo.

Plataformas baseadas em IA para aprendizagem personalizada e educação adaptativa

As plataformas baseadas na inteligência artificial para a aprendizagem personalizada e a educação adaptativa representam uma mudança de paradigma no domínio da educação. Estas plataformas estão a revolucionar as metodologias de ensino tradicionais e a melhorar as experiências de aprendizagem para estudantes de todas as idades e capacidades. A utilização de algoritmos de inteligência artificial (IA), de técnicas de aprendizagem automática e de análise de dados por estas plataformas permite a personalização do ensino, a adaptação da distribuição dos conteúdos e a otimização dos resultados da aprendizagem com base nos requisitos, preferências e estilos de aprendizagem específicos de cada aluno. As plataformas de aprendizagem personalizada e as tecnologias educativas adaptativas permitem que os educadores capacitem os alunos, os envolvam e criem um ambiente dinâmico e inclusivo para a aprendizagem. Estas tecnologias aproveitam o poder da inteligência artificial.

Uma componente essencial das plataformas de aprendizagem personalizada é a ideia de individualização, que reconhece o facto de que cada aluno é um indivíduo e aprende ao seu próprio ritmo. As plataformas alimentadas por inteligência artificial analisam grandes quantidades de dados dos alunos, como o desempenho académico, as preferências de aprendizagem e os padrões de comportamento, a fim de facilitar o desenvolvimento de percursos de aprendizagem personalizados, adaptados aos pontos fortes, desafios e interesses de cada aluno. O conteúdo, o ritmo e as estratégias de ensino destas plataformas são ajustados dinamicamente através da utilização de algoritmos adaptativos. Isto permite a otimização do envolvimento, da compreensão e do domínio dos objectivos de aprendizagem, o que, em última análise, resulta no desenvolvimento de uma experiência de aprendizagem personalizada e reactiva para cada aluno.

Uma das características mais importantes das plataformas de aprendizagem personalizada orientadas para a IA é a sua capacidade de fornecer instrução diferenciada. Isto permite que os professores satisfaçam as várias necessidades dos alunos, sem deixarem de dar as suas aulas num único ambiente de sala de aula. Estas plataformas permitem aos educadores personalizar a instrução e direcionar as intervenções para responder às necessidades de aprendizagem individuais, identificando lacunas na compreensão dos alunos, avaliando os conhecimentos prévios e identificando áreas de força e fraqueza. Isto é conseguido através da utilização de avaliações adaptativas e ferramentas de diagnóstico. Os alunos têm a possibilidade de se apropriarem do seu percurso de aprendizagem, desenvolverem uma mentalidade de crescimento e reforçarem a sua auto-eficácia através da utilização de plataformas de aprendizagem personalizadas. Estas plataformas oferecem actividades de aprendizagem, recursos e feedback adaptados, que promovem o sucesso académico e a aprendizagem ao longo da vida.

As plataformas de aprendizagem alimentadas por inteligência artificial oferecem aos alunos a possibilidade de participarem na aprendizagem quando, onde e ao seu próprio ritmo. Estas plataformas oferecem flexibilidade e acessibilidade. Os alunos podem aceder a conteúdos educativos, colaborar com os seus colegas e interagir com materiais didácticos através de uma variedade de dispositivos e ambientes, graças a interfaces baseadas na Web, aplicações móveis e plataformas baseadas na nuvem. Ao eliminar as restrições de tempo e espaço, as plataformas de aprendizagem personalizadas podem acomodar uma vasta gama de preferências de aprendizagem e estilos de vida. Isto permite que os alunos participem em actividades de aprendizagem adaptadas às suas necessidades e preferências específicas.

A capacidade das plataformas de aprendizagem personalizada baseadas em IA para fornecer feedback em tempo real e monitorizar o desempenho é outra componente essencial destas plataformas. Esta capacidade permite que os educadores monitorizem o progresso dos seus alunos, identifiquem as áreas em que podem melhorar e ajustem as suas estratégias de ensino em conformidade. Os educadores podem obter informações sobre o envolvimento, a compreensão e o domínio dos objectivos de aprendizagem dos alunos através da utilização de painéis de análise de dados e ferramentas de visualização. Isto permite-lhes tomar decisões com base nos dados e fornecer intervenções direccionadas para apoiar a aprendizagem dos alunos. As plataformas de aprendizagem personalizada permitem que os educadores adaptem a instrução, facilitem as experiências de aprendizagem e criem um ambiente de aprendizagem de apoio e reativo que maximize os resultados e o crescimento dos alunos. Isto é conseguido através da promoção de uma cultura de melhoria contínua e de avaliação formativa.

A tónica passa das tradicionais avaliações sumativas para avaliações formativas contínuas que medem o domínio de aptidões e competências específicas por parte dos alunos. As plataformas de aprendizagem personalizadas, impulsionadas pela inteligência artificial, permitem efetuar avaliações personalizadas e aprender com base em competências. Estas plataformas dão aos alunos a oportunidade de demonstrar a sua proficiência, aplicar os seus conhecimentos e mostrar as suas capacidades em contextos autênticos. Isto é conseguido através da utilização de algoritmos de teste adaptativos e de avaliações baseadas no desempenho. Através da promoção de uma aprendizagem mais profunda, do pensamento crítico e das competências de resolução de problemas, as plataformas de aprendizagem personalizada ajudam os alunos a prepararem-se para o sucesso num mundo cada vez mais complexo e interligado. Isto é conseguido colocando a tónica no domínio da aprendizagem e na aprendizagem para alcançar a competência.

As plataformas de aprendizagem personalizadas que são alimentadas por inteligência artificial incentivam a agência e o envolvimento dos alunos, proporcionando-lhes experiências de aprendizagem que são simultaneamente interactivas e imersivas. Estas experiências captam o interesse dos alunos e promovem a motivação intrínseca. Os alunos têm a oportunidade de investigar ideias difíceis, encontrar soluções para problemas do mundo real e participar em experiências de aprendizagem práticas que estimulam a curiosidade, a criatividade e a colaboração através da utilização de actividades de aprendizagem gamificadas, simulações e ambientes de realidade virtual (RV). As plataformas de aprendizagem personalizadas criam um ambiente de aprendizagem envolvente e dinâmico que motiva os alunos a explorar, descobrir e atingir todo o seu potencial. Isto é conseguido através da integração de elementos de jogo, narração de histórias e conteúdo multimédia interativo no ambiente de aprendizagem.

As plataformas de aprendizagem personalizada baseadas na inteligência artificial permitem a tomada de decisões baseadas em dados e a melhoria contínua a nível institucional. Estas plataformas proporcionam aos educadores, administradores e decisores políticos a capacidade de analisar tendências, identificar as melhores práticas e implementar estratégias baseadas em provas que melhorem os resultados do ensino e da aprendizagem. Os intervenientes no sector da educação podem obter informações sobre o desempenho dos alunos, a eficácia dos programas e a afetação de recursos através da utilização de ferramentas de avaliação comparativa, análises preditivas e painéis de controlo institucionais. Isto dá-lhes a capacidade de tomar decisões informadas e de afetar estrategicamente os recursos para apoiar o sucesso dos estudantes e a excelência institucional.

As plataformas orientadas pela inteligência artificial para a aprendizagem personalizada e a educação adaptativa representam uma abordagem transformadora do ensino e da aprendizagem que aproveita o poder da inteligência artificial para adaptar a instrução, otimizar as experiências de aprendizagem e capacitar os alunos para atingirem o seu pleno potencial. Esta abordagem é representativa de uma mudança de paradigma no domínio da educação. As plataformas de aprendizagem personalizada incentivam a equidade, a inclusão e a excelência na educação, proporcionando aos alunos instrução personalizada, apoio adaptativo e feedback em tempo real. Isto permite aos alunos desenvolverem-se em ambientes de aprendizagem diversificados e dinâmicos. À medida que a inteligência artificial (IA) continua a desenvolver-se e a progredir, o seu potencial para revolucionar a educação e abrir novas possibilidades de aprendizagem personalizada e de educação adaptativa continua a ser incomparável. Isto abrirá caminho a um futuro mais inovador, equitativo e inclusivo para os estudantes de todo o mundo.

Colmatar o fosso digital através de soluções inovadoras de IA

No mundo interligado de hoje, colmatar o fosso digital através da implementação de soluções inovadoras de inteligência artificial é um esforço importante que deve ser empreendido para garantir a igualdade de acesso à informação, à tecnologia e às oportunidades. O termo "fosso digital" refere-se à disparidade que existe entre os indivíduos que têm acesso às tecnologias digitais e à Internet e os que não têm, normalmente separados por estatuto socioeconómico, localização geográfica e características demográficas. Para colmatar este fosso, são necessárias medidas proactivas e a utilização de soluções baseadas na IA. Estas soluções devem ser utilizadas para capacitar as comunidades mal servidas, colmatar as disparidades e promover a inclusão digital.

A inteligência artificial pode ajudar a colmatar o fosso digital de várias formas. Uma das principais formas é através do desenvolvimento de soluções tecnológicas que sejam simultaneamente económicas e acessíveis e que respondam às necessidades específicas das populações carenciadas. As inovações impulsionadas pela inteligência artificial (IA), como os smartphones de baixo custo, as aplicações ricas em funcionalidades e as interfaces de fácil utilização, tornam os dispositivos e serviços digitais mais acessíveis a pessoas com recursos ou conhecimentos técnicos limitados. A inteligência artificial ajuda a democratizar o acesso às ferramentas digitais e permite que as comunidades marginalizadas participem na economia digital, concebendo soluções tecnológicas que são inclusivas e dão prioridade à facilidade de utilização, à acessibilidade económica e à acessibilidade.

As soluções de conetividade à Internet que são alimentadas por inteligência artificial desempenham um papel crucial na expansão do acesso de banda larga a áreas localizadas em zonas remotas e mal servidas onde não existe infraestrutura tradicional. A utilização de algoritmos de inteligência artificial em tecnologias como a Internet por satélite, as redes em malha e o espaço branco de TV permite a otimização do desempenho da rede, a expansão da cobertura e o fornecimento de conetividade à Internet de alta velocidade a comunidades rurais, aldeias remotas e regiões marginalizadas. A utilização de soluções de conetividade baseadas na inteligência artificial permite que as pessoas que vivem em zonas mal servidas tenham acesso a serviços digitais, como a educação em linha, a telemedicina, o comércio eletrónico e outros serviços digitais que melhoram a qualidade de vida e as oportunidades económicas. Estas soluções ultrapassam as barreiras geográficas e as limitações das infra-estruturas.

A inclusão digital é possível graças a tecnologias alimentadas por inteligência artificial e que traduzem e localizam línguas. Estas tecnologias eliminam as barreiras linguísticas e permitem que as pessoas acedam a informações e serviços nas suas línguas maternas. Os utilizadores têm a capacidade de comunicar, navegar em plataformas digitais e aceder a conteúdos em linha em várias línguas através da utilização de ferramentas de tradução automática, sistemas de reconhecimento de voz e algoritmos de processamento de linguagem natural. Isto ajuda a fomentar a inclusão e a promover a diversidade linguística na esfera digital. As tecnologias da linguagem impulsionadas pela inteligência artificial permitem que pessoas de uma vasta gama de origens linguísticas participem plenamente no mundo digital e acedam às oportunidades educativas, económicas e sociais disponíveis em linha. Estas tecnologias incentivam o multilinguismo e a diversidade cultural.

Além disso, as plataformas educativas que são alimentadas por inteligência artificial e as iniciativas que promovem a literacia digital desempenham um papel crucial na redução do fosso digital. Estas iniciativas fazem-no fornecendo aos indivíduos os conhecimentos, as competências e a autoconfiança necessários para navegar eficazmente na paisagem digital. A utilização de algoritmos de inteligência artificial em plataformas de aprendizagem em linha, em programas de formação de competências digitais e em tutoriais interactivos permite a personalização das experiências de aprendizagem, a modificação da apresentação dos conteúdos e o fornecimento de feedback em tempo real, o que contribui para melhorar os resultados da aprendizagem para os utilizadores de todos os tempos e de todos os quadrantes da sociedade. Os indivíduos têm a capacidade de aproveitar o poder da tecnologia, navegar em plataformas digitais e tornar-se participantes activos na economia digital através da implementação de iniciativas educativas que são impulsionadas pela inteligência artificial (IA). Estas iniciativas promovem a literacia digital, o pensamento computacional e a capacidade de resolução de problemas.

A utilização da inteligência artificial para impulsionar o envolvimento da comunidade e as iniciativas de reforço de capacidades ajuda a fomentar a inovação a nível das bases e capacita as partes interessadas locais para combater o fosso digital a nível das bases. As comunidades carenciadas têm acesso a recursos tecnológicos, workshops de formação e ambientes de aprendizagem colaborativa através de iniciativas lideradas pela comunidade, como centros tecnológicos, centros de inclusão digital e espaços de criação. Estas iniciativas permitem que as comunidades desfavorecidas desenvolvam competências digitais, criem protótipos de soluções e resolvam desafios locais utilizando tecnologias impulsionadas pela inteligência artificial. As iniciativas orientadas para a comunidade permitem que os indivíduos e as comunidades se tornem agentes de mudança e impulsionem soluções sustentáveis que colmatem o fosso digital nas suas próprias comunidades. Estas iniciativas fazem-no através da promoção da colaboração, da criatividade e da partilha de conhecimentos.

As ferramentas de análise de dados e de modelação preditiva alimentadas pela inteligência artificial permitem que os decisores políticos, os educadores e os profissionais do desenvolvimento identifiquem os pontos críticos do fosso digital, monitorizem os progressos e informem as intervenções baseadas em dados concretos que direccionam eficazmente os recursos e abordam as causas profundas da exclusão digital. A análise baseada em IA fornece informações sobre os factores socioeconómicos, geográficos e demográficos que contribuem para o fosso digital. Estas informações permitem que as partes interessadas desenvolvam estratégias direccionadas que promovam a inclusão digital e reduzam as disparidades no acesso à tecnologia e à informação. Estas informações são fornecidas através da análise de dados sobre a utilização da Internet, as taxas de literacia digital e o acesso a infra-estruturas tecnológicas.

Para promover a equidade, a inclusão e a capacitação na era digital, é essencial colmatar o fosso digital através da implementação de soluções inovadoras de inteligência artificial. Podemos criar uma sociedade digital mais inclusiva e equitativa utilizando tecnologias impulsionadas pela inteligência artificial para alargar o acesso à conetividade a preços acessíveis, promover a literacia digital e capacitar as comunidades carenciadas. Isto permitirá que todos tenham a oportunidade de aceder à informação, participar na economia digital e realizar todo o seu potencial. É essencial que demos prioridade à colaboração, ao envolvimento da comunidade e a soluções sustentáveis que permitam aos indivíduos e às comunidades prosperar no mundo digital, à medida que continuamos a aproveitar o poder da inteligência artificial para combater o fosso digital.

CAPÍTULO 4

Melhorar o ensino e a aprendizagem com a IA

O papel da IA na melhoria da pedagogia e da conceção pedagógica

O papel da Inteligência Artificial (IA) na melhoria da pedagogia e da conceção pedagógica é transformador, oferecendo soluções inovadoras para melhorar a eficácia do ensino, personalizar as experiências de aprendizagem e otimizar os resultados educativos para alunos de todas as idades e capacidades. Ao tirar partido das tecnologias orientadas para a IA, os educadores podem aceder a conhecimentos valiosos, adaptar estratégias de ensino e criar ambientes de aprendizagem dinâmicos que satisfaçam as diversas necessidades de aprendizagem e promovam o envolvimento, a motivação e os resultados dos alunos.

A utilização de informações e análises baseadas em dados que contribuem para a tomada de decisões fundamentadas no domínio da educação é uma das principais formas de a inteligência artificial (IA) melhorar a pedagogia e a conceção pedagógica. O objetivo dos algoritmos de inteligência artificial é analisar grandes quantidades de dados dos alunos, que incluem métricas de desempenho, comportamentos de aprendizagem e resultados de avaliações, a fim de identificar padrões, tendências e correlações que podem ser utilizados para desenvolver e implementar estratégias de ensino. Através da utilização da análise de dados, os educadores podem adquirir conhecimentos sobre os pontos fortes, os pontos fracos e as preferências de aprendizagem dos seus alunos. Isto dá-lhes a capacidade de personalizar a instrução, diferenciar as actividades de aprendizagem e estruturar as experiências de aprendizagem de modo a satisfazer eficazmente as necessidades de cada aluno.

Os sistemas de tutoria inteligente e as plataformas de aprendizagem adaptativa que são alimentados por inteligência artificial fornecem aos alunos instrução e apoio personalizados que podem ser adaptados ao seu ritmo individual, preferências e estilos de aprendizagem individuais. Estas plataformas oferecem percursos de aprendizagem personalizados que visam objectivos de aprendizagem específicos e abordam áreas de dificuldade, recorrendo a algoritmos de aprendizagem automática para avaliar os conhecimentos dos alunos, monitorizar o progresso da aprendizagem e proporcionar experiências de aprendizagem personalizadas. Os alunos têm a possibilidade de monitorizar o seu progresso, identificar áreas em que podem melhorar e participar numa aprendizagem autónoma que promove o domínio e uma compreensão profunda do material através da utilização de plataformas de aprendizagem adaptativa. Estas plataformas fornecem feedback em tempo real.

A fim de melhorar a conceção pedagógica, as ferramentas de criação de conteúdos e os recursos educativos que são alimentados pela inteligência artificial facilitam a criação de materiais de aprendizagem que são interactivos e interessantes para os alunos. A utilização de algoritmos de processamento de linguagem natural (PNL) dá aos professores a capacidade de criar questionários interactivos, apresentações multimédia e módulos de aprendizagem adaptativos que despertam o interesse dos alunos, incentivam a sua curiosidade sobre o material que está a ser ensinado e encorajam-nos a participar ativamente no material didático. As ferramentas de criação de conteúdos baseadas em IA criam ambientes de aprendizagem dinâmicos e interactivos que fomentam a criatividade, o pensamento crítico e as capacidades de resolução de problemas em colaboração. Estes ambientes são criados através da incorporação de elementos de gamificação, técnicas de narração de histórias e experiências imersivas.

A conceção de instruções e o desenvolvimento de currículos são ambos apoiados pelas valiosas informações e recomendações fornecidas pelos sistemas de recomendação e pelas plataformas analíticas de aprendizagem que são alimentadas por inteligência artificial. A utilização destes sistemas permite a identificação de recursos relevantes, a recomendação de percursos de aprendizagem personalizados e a otimização do alinhamento do currículo com os objectivos de aprendizagem. Estes sistemas analisam as interacções dos alunos, os padrões de consumo de conteúdos e os resultados das avaliações. Ao utilizarem recomendações impulsionadas pela inteligência artificial, os educadores podem ter acesso a conteúdos educativos seleccionados, reconhecer materiais didácticos de elevada qualidade e conceber eficazmente experiências de aprendizagem que satisfaçam as diferentes necessidades e interesses dos seus alunos.

Através da eliminação das barreiras linguísticas e da disponibilização do acesso a conteúdos educativos a um vasto leque de populações de alunos, as ferramentas de tradução linguística e de acessibilidade alimentadas por inteligência artificial (IA) contribuem para a promoção da inclusão e da equidade na conceção pedagógica. Os educadores podem traduzir materiais didácticos para várias línguas com a ajuda de algoritmos de tradução, o que torna o conteúdo acessível a alunos que falam uma variedade de línguas e incentiva o desenvolvimento de competências linguísticas e de literacia. Além disso, as ferramentas de acessibilidade, como a conversão de texto em voz, o reconhecimento de voz e a legendagem, facilitam o acesso dos alunos com deficiência aos conteúdos educativos, garantindo que todos os alunos tenham oportunidades equitativas de participar em actividades de aprendizagem e alcançar o sucesso académico.

A conceção pedagógica está a ser revolucionada por tecnologias que são alimentadas pela inteligência artificial (IA), como a realidade virtual (RV) e a realidade aumentada (RA). Estas tecnologias criam experiências de aprendizagem imersivas e interactivas que aumentam a participação dos alunos e desenvolvem uma compreensão mais profunda de conceitos complexos. Os alunos podem explorar ambientes virtuais, realizar experiências e visualizar conceitos abstractos num espaço tridimensional através da utilização de simulações de realidade virtual (RV), o que promove a aprendizagem experimental e a exploração baseada na investigação. De forma semelhante, as aplicações de realidade aumentada sobrepõem conteúdos digitais ao mundo real. Isto permite que os alunos participem em experiências de aprendizagem práticas que incentivam a colaboração, a resolução de problemas e a criatividade. Além disso, os alunos podem interagir com objectos virtuais e manipular os dados recolhidos.

É o papel da inteligência artificial (IA) na melhoria da pedagogia e da conceção pedagógica que é fundamental para transformar as práticas de ensino e aprendizagem. Isto permite aos educadores criar experiências de aprendizagem dinâmicas, personalizadas e cativantes, o que, por sua vez, maximiza a participação, a motivação e o sucesso dos alunos. Melhorar a eficácia do ensino, promover uma aprendizagem mais profunda e capacitar os alunos para o sucesso na era digital são resultados possíveis que podem ser alcançados através da utilização de tecnologias impulsionadas pela inteligência artificial (IA) para analisar dados, personalizar a instrução, conceber materiais de aprendizagem interactivos e promover a inclusão. À medida que a inteligência artificial (IA) continua a desenvolver-se e a progredir, o seu potencial para revolucionar a pedagogia e a conceção do ensino continua a ser inigualável. Isto abre a porta a uma abordagem da educação que é mais inovadora, equitativa e centrada no aluno.

Desafios nas metodologias de ensino e aprendizagem

Os desafios em matéria de metodologias de ensino e aprendizagem abundam nos contextos educativos em todo o mundo, reflectindo as complexidades da satisfação das diversas necessidades dos alunos, da adaptação às tecnologias em evolução e da abordagem das disparidades socioeconómicas. Estes desafios colocam obstáculos significativos à promoção de práticas de ensino eficazes e à otimização dos resultados de aprendizagem para estudantes de todas as idades e capacidades. Alguns dos principais desafios em matéria de metodologias de ensino e aprendizagem incluem:

- **Necessidades de aprendizagem diversificadas:** Os alunos provêm de diversas origens culturais, linguísticas e socioeconómicas, cada um com estilos de aprendizagem, preferências e capacidades únicas. Para atender às diversas necessidades dos alunos, os educadores devem empregar uma variedade de estratégias de ensino, materiais didácticos e métodos de avaliação que atendam às diferentes modalidades de aprendizagem e promovam ambientes de aprendizagem inclusivos.
- **Recursos limitados:** Muitas instituições de ensino enfrentam restrições de recursos, incluindo financiamento inadequado, instalações desactualizadas e acesso limitado a tecnologia e materiais de ensino. A falta de recursos dificulta a capacidade dos educadores para criarem experiências de aprendizagem cativantes, implementarem metodologias de ensino inovadoras e proporcionarem aos alunos o acesso a recursos educativos e serviços de apoio de elevada qualidade.
- **Integração tecnológica:** Embora a tecnologia ofereça oportunidades valiosas para melhorar o ensino e a aprendizagem, a integração efectiva da tecnologia nas práticas de ensino continua a ser um desafio significativo para os educadores. A integração tecnológica exige formação, apoio e infra-estruturas para garantir que os educadores tenham as competências e os recursos necessários para tirar partido das ferramentas tecnológicas, dos recursos digitais e das plataformas em linha para melhorar a eficácia do ensino e envolver os alunos em experiências de aprendizagem significativas.
- **Avaliação e responsabilização:** Equilibrar a necessidade de responsabilização com o desejo de promover a criatividade e o pensamento crítico representa um desafio para os educadores. Os testes de alto risco, as

avaliações estandardizadas e as medidas de responsabilização dão frequentemente prioridade à memorização mecânica e à preparação para os testes em detrimento de experiências de aprendizagem autênticas que promovam uma compreensão mais profunda e a capacidade de resolução de problemas. Encontrar um equilíbrio entre responsabilidade e inovação é crucial para promover uma aprendizagem centrada no aluno e fomentar uma cultura de melhoria contínua na educação.

- **Envolvimento e motivação dos alunos:** Envolver os alunos e manter a sua motivação no processo de aprendizagem é um desafio permanente para os educadores. Factores como o desinteresse, a apatia e as distracções competem pela atenção dos alunos, o que torna difícil a criação de um ambiente de aprendizagem estimulante e favorável que promova a curiosidade, a criatividade e a motivação intrínseca. Cultivar a participação dos alunos exige que os educadores concebam aulas interactivas, incorporem recursos multimédia e proporcionem oportunidades de participação ativa e colaboração.
- **Educação inclusiva:** Garantir a equidade e a inclusão na educação é um desafio complexo que requer a abordagem de barreiras sistémicas, preconceitos e discriminação que perpetuam as desigualdades nas oportunidades e resultados educativos. Os alunos com deficiência, os que aprendem a língua inglesa e as populações marginalizadas enfrentam barreiras no acesso a uma educação de qualidade, incluindo serviços de apoio inadequados, falta de acomodações e oportunidades limitadas de participação. A promoção da educação inclusiva exige que os educadores adoptem uma pedagogia culturalmente recetiva, implementem os princípios do Desenho Universal para a Aprendizagem (UDL) e criem ambientes de aprendizagem de apoio que celebrem a diversidade e promovam a pertença de todos os alunos.

- **Desenvolvimento profissional:** Acompanhar os rápidos avanços na investigação educacional, tecnologia e pedagogia coloca desafios aos educadores que procuram melhorar as suas práticas de ensino e manter-se a par das melhores práticas no terreno. As oportunidades de desenvolvimento profissional são essenciais para equipar os educadores com os conhecimentos, as competências e as estratégias necessárias para responder às necessidades em evolução dos alunos, implementar práticas de ensino baseadas em provas e promover a melhoria contínua do ensino e da aprendizagem.
- **Restrições de tempo:** Os educadores enfrentam restrições de tempo e exigências concorrentes que limitam a sua capacidade de planear, implementar e avaliar práticas de ensino eficazes. As tarefas administrativas, os requisitos curriculares e as responsabilidades extracurriculares interferem frequentemente no tempo de instrução, deixando os educadores com oportunidades limitadas para se envolverem no planeamento colaborativo, na instrução diferenciada e na prática reflexiva que promovem a aprendizagem dos alunos e o sucesso académico.

Enfrentar estes desafios exige uma abordagem multifacetada que envolve a colaboração entre educadores, administradores, decisores políticos e partes interessadas da comunidade para promover mudanças sistémicas, atribuir recursos de forma eficaz e implementar práticas baseadas em provas que promovam ambientes de aprendizagem equitativos, envolventes e inclusivos para todos os alunos. Reconhecendo as complexidades das metodologias de ensino e aprendizagem e adoptando a inovação, a colaboração e a melhoria contínua, os educadores podem ultrapassar estes desafios e criar experiências educativas transformadoras que permitam aos alunos ter êxito no século XXI.

Ferramentas e recursos educativos baseados em IA para educadores e estudantes

As ferramentas e os recursos educativos alimentados por IA estão a revolucionar as experiências de ensino e aprendizagem, oferecendo soluções inovadoras para aumentar o envolvimento, personalizar a instrução e otimizar os resultados de aprendizagem para educadores e alunos. Estas ferramentas aproveitam os algoritmos de inteligência artificial, as técnicas de aprendizagem automática e a análise de dados para fornecer apoio personalizado, facilitar a colaboração e fomentar a criatividade em ambientes educativos. Eis algumas ferramentas e recursos educativos baseados em IA para educadores e estudantes:

- **Plataformas de aprendizagem personalizadas:** As plataformas de aprendizagem personalizada baseadas em IA analisam os dados dos alunos, acompanham o progresso da aprendizagem e adaptam o conteúdo instrucional para atender às necessidades e preferências individuais. Estas plataformas fornecem aos alunos percursos de aprendizagem personalizados, avaliações adaptativas e feedback em tempo real que promovem o domínio e a compreensão mais profunda dos conceitos. Os exemplos incluem a Khan Academy, o Duolingo e a DreamBox Learning.
- **Sistemas de tutoria inteligentes:** Os sistemas de tutoria inteligentes utilizam algoritmos de IA para fornecer apoio e orientação individualizados aos alunos, ajudando-os a navegar por conceitos desafiantes, a resolver problemas e a dominar conteúdos em áreas temáticas específicas. Estes sistemas oferecem tutoriais interactivos, exercícios práticos e feedback personalizado que melhoram os resultados da aprendizagem e promovem a aprendizagem autónoma. Os exemplos incluem Carnegie Learning, Thinkster Math e Squirrel AI.
- **Tradução de línguas e ferramentas de acessibilidade:** As ferramentas de tradução linguística e de acessibilidade baseadas em IA facilitam a comunicação e o acesso a conteúdos educativos para diversas populações de alunos. Estas ferramentas permitem a tradução de texto em tempo real, o

reconhecimento de voz e a legendagem, tornando os materiais educativos acessíveis a alunos com deficiência e a falantes de línguas não maternas. Os exemplos incluem o Google Translate, o Microsoft Translator e o Otter.ai.

- **Aplicações de Realidade Virtual (RV) e Realidade Aumentada (RA):** As aplicações de RV e RA oferecem experiências de aprendizagem imersivas e interactivas que envolvem os alunos na exploração e experimentação práticas. Estas aplicações permitem que os alunos visualizem conceitos abstractos, explorem ambientes virtuais e interajam com conteúdos digitais num espaço tridimensional, melhorando a compreensão e a retenção de tópicos complexos. Os exemplos incluem Google Expeditions, Nearpod VR e Merge Cube.
- **Plataformas de avaliação adaptativa e de análise da aprendizagem:** As plataformas de avaliação adaptativa e de análise da aprendizagem utilizam algoritmos de IA para analisar os dados de desempenho dos alunos, identificar lacunas na aprendizagem e fornecer informações accionáveis aos educadores. Estas plataformas oferecem avaliações de diagnóstico, análises preditivas e ferramentas de visualização de dados que informam o planeamento da instrução, diferenciam a instrução e optimizam as experiências de aprendizagem dos alunos. Os exemplos incluem Edulastic, Illuminate Education e BrightBytes.
- **Ferramentas de criação e curadoria de conteúdos:** A fim de ajudar os educadores a desenvolver e selecionar materiais educativos que estejam de acordo com os objectivos de aprendizagem e os interesses dos alunos, estão disponíveis ferramentas de criação e seleção de conteúdos que são alimentadas por inteligência artificial. Os algoritmos de processamento de linguagem natural (PNL) utilizados por estas ferramentas são responsáveis pela criação de questionários interactivos, apresentações multimédia e recursos de curadoria que envolvem ativamente os alunos e melhoram a sua compreensão. Os programas de software ScribeSense, CuratorStudio e Cogito Studio são alguns exemplos.

- **Sistemas inteligentes de avaliação e feedback:** Os sistemas de avaliação e feedback com tecnologia de IA automatizam o processo de avaliação, fornecem feedback atempado e identificam áreas de melhoria no trabalho dos alunos. Estes sistemas utilizam algoritmos de aprendizagem automática para analisar as respostas dos alunos, avaliar a compreensão e oferecer feedback personalizado que apoia a progressão da aprendizagem e promove as competências metacognitivas. Os exemplos incluem Gradescope, Turnitin e EssayJack.
- **Plataformas de aprendizagem em colaboração:** As plataformas de aprendizagem colaborativa alimentadas por IA facilitam a comunicação, a colaboração e a partilha de conhecimentos entre estudantes e educadores em ambientes virtuais. Estas plataformas oferecem funcionalidades como fóruns de discussão, projectos de grupo e mensagens em tempo real que promovem a resolução colaborativa de problemas, a aprendizagem entre pares e a criação de comunidades. Os exemplos incluem o Slack, o Microsoft Teams e o Canvas LMS.
- **Processamento de linguagem natural (PNL) para apoio à escrita:** Os alunos podem melhorar as suas capacidades de escrita com a ajuda de ferramentas de apoio à escrita baseadas no processamento de linguagem natural (PNL). Estas ferramentas oferecem sugestões de gramática e ortografia, recomendações de estilo e análise de legibilidade. Com a ajuda destas ferramentas, os alunos podem melhorar o seu processo de escrita, aumentar a clareza e a coerência das suas composições e desenvolver competências de comunicação eficazes numa variedade de áreas temáticas. Grammarly, Hemingway Editor e ProWritingAid são alguns exemplos de tais aplicações.
- **Reconhecimento de voz e aplicações de aprendizagem de línguas:** As aplicações de reconhecimento de voz e de aprendizagem de línguas tiram partido da tecnologia de IA para permitir que os aprendentes de línguas

pratiquem a oralidade e a pronúncia em tempo real. Estas aplicações fornecem exercícios interactivos, feedback de pronúncia e avaliações de proficiência linguística que apoiam a aquisição de línguas e o desenvolvimento da fluência. Os exemplos incluem Rosetta Stone, Babbel e HelloTalk.

- **Sistemas de gestão da aprendizagem (LMS) alimentados por IA:** Os sistemas de gestão da aprendizagem alimentados por inteligência artificial simplificam as tarefas administrativas, personalizam os percursos de aprendizagem e facilitam a comunicação efectiva entre educadores e estudantes. A utilização de algoritmos de inteligência artificial permite que estes sistemas monitorizem o progresso dos alunos, automatizem a conclusão dos trabalhos do curso e forneçam intervenções direccionadas que melhoram os resultados da aprendizagem e o envolvimento. Blackboard Learn, Canvas Learning Management System e Moodle são alguns exemplos.
- **Ferramentas de tomada de decisões baseadas em dados para educadores:** As ferramentas de tomada de decisões baseadas em dados permitem que os educadores analisem os dados de desempenho dos alunos, identifiquem tendências e tomem decisões de instrução informadas. Estas ferramentas fornecem aos educadores informações sobre os comportamentos de aprendizagem dos alunos, os resultados das avaliações e as trajectórias de crescimento académico, permitindo-lhes adaptar a instrução, implementar intervenções específicas e otimizar as experiências de aprendizagem para alunos individuais e grupos. Os exemplos incluem Tableau, Power BI e Google Data Studio.
- **Plataformas de reconhecimento de emoções e de aprendizagem social e emocional (SEL):** As plataformas de reconhecimento de emoções e de aprendizagem socio-emocional utilizam tecnologia de IA para avaliar e promover o bem-estar e o desenvolvimento socio-emocional dos alunos. Estas plataformas analisam expressões faciais, tom de voz e outras pistas comportamentais para identificar emoções, monitorizar estados emocionais e

fornecer intervenções que apoiem as competências sociais, a autorregulação e a resiliência emocional dos alunos. Os exemplos incluem Emotyx, RULER Approach e Second Step SEL.

- **Plataformas adaptáveis de livros de texto e livros electrónicos:** As plataformas adaptativas de manuais escolares e livros electrónicos ajustam dinamicamente a apresentação dos conteúdos, os níveis de dificuldade e as funcionalidades interactivas com base nas necessidades e preferências individuais de aprendizagem dos alunos. Estas plataformas oferecem experiências de leitura personalizadas, recursos multimédia incorporados e avaliações interactivas que melhoram a compreensão, o envolvimento e a retenção da matéria. Os exemplos incluem Pearson MyLab, VitalSource e Knewton Alta.
- **Ferramentas e simulações STEM baseadas em IA:** As ferramentas e simulações STEM alimentadas por IA permitem aos alunos explorar conceitos científicos, realizar experiências virtuais e resolver problemas complexos nas disciplinas STEM. Estas ferramentas oferecem simulações interactivas, laboratórios virtuais e ferramentas de análise de dados que envolvem os alunos numa aprendizagem baseada na investigação, promovem competências de pensamento crítico e fomentam a curiosidade e a criatividade nas disciplinas STEM. Os exemplos incluem PhET Interactive Simulations, Algodoo e Labster.

Ao tirar partido de ferramentas e recursos educativos alimentados por IA, os educadores podem criar ambientes de aprendizagem dinâmicos, personalizados e inclusivos que capacitam os alunos para o sucesso na era digital. Estas ferramentas oferecem oportunidades de inovação, colaboração e criatividade no ensino e na aprendizagem, permitindo aos educadores satisfazer as diversas necessidades dos alunos e promover uma cultura de aprendizagem ao longo da vida e de excelência académica. À medida que a IA continua a evoluir e a progredir, o seu potencial para transformar a educação e abrir novas possibilidades de ensino e aprendizagem continua a ser inigualável, abrindo caminho a uma abordagem da educação mais inovadora, equitativa e centrada nos alunos.

CAPÍTULO 5

Abordar os obstáculos à aprendizagem e as necessidades especiais

Introdução à educação inclusiva e à resposta a diversas necessidades de aprendizagem

Engloba uma mudança fundamental nos paradigmas educativos, com o objetivo de criar ambientes de aprendizagem que acomodem e celebrem a diversidade dos alunos. A educação inclusiva reconhece os pontos fortes, as capacidades e os desafios únicos de cada aluno, independentemente da sua origem, identidade ou diferenças de aprendizagem. Promove a equidade, o acesso e a pertença de todos os alunos, fomentando uma cultura de respeito, aceitação e colaboração em ambientes educativos.

O ensino inclusivo, na sua essência, procura eliminar as barreiras à aprendizagem e à participação, com o objetivo de garantir que todos os alunos tenham igual acesso a um ensino de elevada qualidade, a serviços de apoio e a oportunidades de desenvolvimento académico e sócio-emocional. Ao fazê-lo, desafia as ideias convencionais de "normalidade" e abraça a diversidade como uma fonte de força, reconhecendo que todos os alunos trazem para a comunidade de aprendizagem perspectivas, experiências e contributos valiosos.

Os princípios do Desenho Universal para a Aprendizagem (UDL), que defende a criação de ambientes de aprendizagem flexíveis e de práticas de ensino que acomodem as diversas necessidades, preferências e capacidades dos alunos, servem de base sólida sobre a qual se constrói a educação inclusiva. Isto permite que os alunos acedam aos conteúdos, se envolvam com os materiais de aprendizagem e demonstrem a sua compreensão de formas que são significativas e relevantes para eles. O Desenho Universal para a Aprendizagem (UDL) coloca a tónica na disponibilização de múltiplos meios de representação, envolvimento e expressão.

Para que os educadores possam responder eficazmente às diversas necessidades de aprendizagem dos seus alunos, têm de implementar uma vasta gama de estratégias de ensino, técnicas de diferenciação e tecnologias de apoio concebidas para apoiar todo o espetro de alunos nas suas salas de aula. Implica reconhecer e responder aos perfis de aprendizagem únicos dos alunos, tais como os alunos com deficiência, os alunos que aprendem inglês, os alunos sobredotados e talentosos e os alunos que provêm de meios cultural e linguisticamente diversos.

Um dos objectivos da educação inclusiva é promover a colaboração entre educadores, famílias e partes interessadas da comunidade, a fim de desenvolver ambientes de aprendizagem que sejam favoráveis e que respondam às diferentes necessidades de todos os alunos. Coloca a tónica na importância do apoio individualizado, nas intervenções para um comportamento positivo e nos programas de aprendizagem socio-emocional concebidos para cultivar um sentimento de pertença, de auto-confiança e de capacitação entre os alunos. A implementação de práticas inclusivas exige que os educadores estejam equipados com os conhecimentos, as competências e os recursos necessários para implementar eficazmente as práticas inclusivas. Isto só pode ser conseguido através de um desenvolvimento profissional contínuo e de esforços de reforço de capacidades. Para criar ambientes seguros e inclusivos em que todos os alunos se sintam valorizados, respeitados e apoiados, é necessário promover a competência cultural, os cuidados informados sobre traumas e a educação anti-preconceitos.

Para além de ser uma filosofia, a educação inclusiva é também um compromisso para alcançar a justiça social e a equidade no sistema educativo. Fá-lo desafiando os preconceitos institucionais, as barreiras sistémicas e as práticas discriminatórias que são responsáveis pela perpetuação das desigualdades nas oportunidades e resultados educativos. Este documento apela a reformas políticas, à afetação de recursos e a esforços de sensibilização que promovam o acesso, a participação e o sucesso de todos os alunos, independentemente da sua origem ou capacidades. Em conclusão, a educação inclusiva é uma abordagem transformadora do ensino e da aprendizagem que promove a equidade educativa, a inclusão social e a excelência académica para todos os alunos. Também reconhece e aprecia a diversidade dos alunos que estão inscritos no sistema educativo. Quando os educadores e outras partes interessadas adoptam práticas inclusivas, conseguem criar ambientes de aprendizagem em que todos os alunos têm a oportunidade de prosperar, contribuir e realizar todo o seu potencial. Isto enriquece a experiência educativa de toda a comunidade.

FormulárioIntervençõespara alunos com deficiências e necessidades especiais

As intervenções baseadas em IA para estudantes com deficiência e necessidades especiais representam uma via promissora para melhorar os resultados educativos, fomentar a inclusão e promover o acesso equitativo a oportunidades de aprendizagem. Essas intervenções aproveitam as tecnologias de inteligência artificial (IA) para fornecer suporte personalizado, recursos adaptativos e ferramentas de assistência que atendem aos desafios e necessidades de aprendizagem exclusivos dos alunos com deficiência. Aqui estão algumas das principais intervenções baseadas em IA para alunos com deficiência e necessidades especiais:

- **Plataformas de aprendizagem personalizadas:** As plataformas de aprendizagem personalizada baseadas em IA analisam os dados dos alunos, incluindo preferências de aprendizagem, pontos fortes e áreas de dificuldade, para criar percursos de aprendizagem individualizados adaptados às necessidades de cada aluno. Para os alunos com deficiência, estas plataformas oferecem conteúdos adaptáveis, apoio em andaimes e recursos interactivos que se adaptam a diversos estilos e capacidades de aprendizagem, promovendo o domínio e o envolvimento no processo de aprendizagem.

- **Dispositivos de comunicação aumentada:** Os dispositivos de comunicação aumentada baseados em IA utilizam algoritmos de processamento da linguagem natural (PNL) e tecnologia de reconhecimento da fala para ajudar os alunos com dificuldades de comunicação a expressarem-se eficazmente. Estes dispositivos oferecem texto preditivo, conversão de voz para texto e sistemas de comunicação baseados em símbolos que permitem aos alunos com perturbações da fala e da linguagem comunicar com os colegas, professores e prestadores de cuidados de forma mais eficiente e independente.
- **Materiais didácticos acessíveis:** As ferramentas de acessibilidade baseadas em IA transformam os materiais educativos em formatos acessíveis que satisfazem as diversas necessidades dos alunos com deficiências visuais, auditivas ou cognitivas. A tecnologia de reconhecimento ótico de caracteres (OCR), os conversores de texto para voz e os leitores de ecrã permitem que os alunos com deficiências visuais acedam a texto impresso e a conteúdos digitais, enquanto as ferramentas de legendagem e as descrições áudio tornam os recursos multimédia acessíveis a alunos com deficiências auditivas.
- **Sistemas de avaliação adaptativa e de feedback:** Os sistemas de avaliação adaptativa e de feedback orientados para a IA analisam as respostas dos alunos, acompanham o progresso da aprendizagem e fornecem feedback em tempo real que ajuda os alunos com deficiência a dominar conceitos e competências académicas. Estes sistemas oferecem avaliações adaptativas, formatos alternativos e feedback diferenciado que se adaptam a diversas necessidades de aprendizagem e promovem a autorregulação e o desenvolvimento de competências metacognitivas.
- **Ferramentas de tecnologia de assistência:** As ferramentas de tecnologia de assistência baseadas em IA dão aos alunos com deficiência o apoio de que necessitam para navegar em ambientes educativos e participar plenamente nas actividades de aprendizagem. Estas ferramentas incluem lupas de ecrã,

software de conversão de voz em texto, teclados alternativos e dispositivos de rastreio ocular que permitem aos alunos com deficiências físicas, sensoriais ou cognitivas aceder à tecnologia, interagir com conteúdos digitais e realizar tarefas académicas de forma independente.

- **Plataformas de aprendizagem socio-emocional (SEL):** As plataformas SEL baseadas em IA utilizam tecnologia de reconhecimento de emoções e algoritmos de aprendizagem adaptativa para avaliar o bem-estar socio-emocional dos alunos, identificar áreas de força e crescimento e fornecer intervenções direccionadas que apoiem o seu desenvolvimento socio-emocional. Estas plataformas oferecem módulos interactivos, sessões de treino virtuais e exercícios de atenção plena que ajudam os alunos com deficiência a desenvolver a autoconsciência, a autorregulação e as competências interpessoais.
- **Sistemas de intervenção comportamental:** Os sistemas de intervenção comportamental alimentados por IA analisam os padrões de comportamento dos alunos, identificam gatilhos e antecedentes e fornecem estratégias proactivas para gerir comportamentos desafiantes em ambientes educativos. Estes sistemas oferecem informações baseadas em dados, ferramentas de acompanhamento do comportamento e intervenções personalizadas que apoiam os alunos com deficiências no desenvolvimento de estratégias de resposta positivas, melhorando o autocontrolo e promovendo a competência social e as relações entre pares.
- **Ambientes de aprendizagem em colaboração:** Os ambientes de aprendizagem colaborativa baseados em IA facilitam a colaboração entre pares, o trabalho de grupo e as experiências de aprendizagem baseadas em projectos que promovem a interação social e o apoio dos pares para os alunos com deficiência. Estes ambientes oferecem funcionalidades como salas de discussão virtuais, quadros brancos colaborativos e mensagens em tempo real

que permitem aos alunos colaborar em tarefas, partilhar ideias e co-criar conhecimentos em comunidades de aprendizagem inclusivas e solidárias.

- **Ferramentas de reconhecimento e regulação das emoções**: As ferramentas de reconhecimento e regulação de emoções baseadas em IA ajudam os alunos com deficiência e necessidades especiais a identificar e regular as suas emoções de forma eficaz. Estas ferramentas utilizam a tecnologia de reconhecimento facial, sensores biométricos e algoritmos de aprendizagem automática para detetar sinais emocionais, fornecer feedback e oferecer estratégias de adaptação adaptadas às necessidades individuais. Ao promover a consciência emocional e as competências de autogestão, estas intervenções ajudam os alunos a navegar nas interacções sociais, a gerir o stress e a desenvolver a resiliência.

- **Sistemas de apoio ao funcionamento executivo:** Os sistemas de apoio ao funcionamento executivo alimentados por IA ajudam os alunos com deficiência a organizar tarefas, gerir o tempo e dar prioridade às actividades. Estes sistemas oferecem ferramentas de gestão de tarefas, funcionalidades de definição de objectivos e notificações de lembretes que ajudam os alunos com défices de funcionamento executivo a manterem-se organizados, concentrados e a cumprirem as suas responsabilidades académicas. Ao fornecer estrutura e apoio, estas intervenções permitem que os alunos desenvolvam competências de independência e autorregulação essenciais para o sucesso académico.

- **Programas de terapia e exposição de realidade virtual (RV):** Os programas de terapia e exposição em realidade virtual orientados por IA oferecem experiências imersivas que ajudam os alunos com deficiência a ultrapassar fobias, perturbações de ansiedade e sensibilidades sensoriais. Estes programas utilizam a tecnologia de RV para simular cenários da vida real, dessensibilizar os alunos para os estímulos e proporcionar oportunidades de exposição gradual num ambiente controlado e de apoio. Ao oferecer um espaço seguro e interativo para intervenções terapêuticas, os programas de terapia de RV apoiam os alunos na gestão da sua saúde mental e no desenvolvimento da resiliência.

- **Aplicações de educação física e fitness adaptativas:** As aplicações de educação física adaptativa e de fitness alimentadas por IA respondem às necessidades e capacidades únicas dos alunos com deficiência, oferecendo rotinas de exercício personalizadas, recomendações de equipamento adaptativo e funcionalidades de acompanhamento do progresso. Estas aplicações incorporam sensores de movimento, dispositivos de biofeedback e algoritmos personalizados para adaptar a intensidade do treino, modificar exercícios e fornecer sugestões motivacionais com base nos níveis de fitness individuais e nas limitações de mobilidade. Ao promover a atividade física e o bem-estar, estas intervenções melhoram a saúde geral e a qualidade de vida dos estudantes com deficiência.

- **Plataformas de aprendizagem gamificadas:** As plataformas de aprendizagem gamificada baseadas em IA envolvem os alunos com deficiência em experiências de aprendizagem interactivas e imersivas que promovem o desenvolvimento de competências, a resolução de problemas e o sucesso académico. Estas plataformas utilizam a mecânica dos jogos, sistemas de recompensa e algoritmos adaptativos para motivar os alunos, fomentar a motivação intrínseca e criar um sentimento de realização e progresso. Ao aproveitar o poder da gamificação, estas intervenções tornam a aprendizagem divertida, acessível e significativa para os alunos com diversas necessidades e capacidades de aprendizagem.

- **Redes de apoio à família e aos cuidadores:** As redes de apoio à família e aos encarregados de educação, impulsionadas pela IA, fornecem recursos, orientação e ligações à comunidade para pais, tutores e encarregados de educação de alunos com deficiência. Estas redes oferecem fóruns em linha, grupos de apoio de pares e recursos informativos que permitem às famílias defender os direitos educativos dos seus filhos, navegar pelos serviços de apoio e aceder a tecnologias e intervenções de apoio. Ao fomentar a colaboração e a capacitação, estas redes reforçam o sistema de apoio aos alunos com deficiência e promovem resultados positivos em casa, na escola e na comunidade.

A incorporação destes pontos adicionais alarga o âmbito das intervenções orientadas para a IA para os alunos com deficiência e necessidades especiais, ilustrando a gama diversificada de aplicações e benefícios que as tecnologias de IA oferecem no apoio à educação inclusiva e na melhoria do bem-estar geral e do sucesso dos alunos com diversas necessidades e capacidades de aprendizagem.

Estudos de casos que ilustram implementações bem sucedidas de IA na educação inclusiva

Os estudos de caso que apresentam implementações bem-sucedidas de IA na educação inclusiva destacam o impacto transformador das tecnologias de IA na promoção da acessibilidade, personalização e equidade em ambientes educativos. Estes exemplos demonstram como as intervenções baseadas em IA capacitam os alunos com deficiência e necessidades especiais, melhoram a eficácia do ensino e promovem ambientes de aprendizagem inclusivos. Eis alguns estudos de caso que ilustram implementações bem sucedidas de IA na educação inclusiva:

- **Sesame Enable:**

Descrição geral: O Sesame Enable é um software alimentado por IA que permite que as pessoas com deficiência, em especial as que têm mobilidade limitada, acedam à tecnologia utilizando apenas movimentos da cabeça.

Implementação: Em contextos educativos, o Sesame Enable foi integrado em tablets e computadores para proporcionar aos alunos com deficiências físicas a capacidade de interagir com aplicações educativas, comunicar e participar nas actividades da sala de aula de forma independente.

Impacto: A implementação do Sesame Enable permitiu aos alunos com deficiências físicas participarem em experiências de aprendizagem interactivas, acederem a conteúdos educativos e comunicarem com colegas e professores, promovendo a independência e a inclusão na sala de aula.

- **Aplicação de leitura da Learning Ally:**

Descrição geral: A aplicação de leitura da Learning Ally é uma solução de literacia baseada em IA, concebida para apoiar os alunos com dislexia, deficiências visuais e outras diferenças de aprendizagem no acesso a audiolivros e outros materiais de aprendizagem acessíveis.

Implementação: A aplicação de leitura da Learning Ally foi implementada em escolas e instituições de ensino para proporcionar aos alunos com deficiência um acesso equitativo a manuais escolares, literatura e recursos educativos em formatos acessíveis.

Impacto: Ao tirar partido dos algoritmos de IA para conversão de texto em voz e navegação áudio, a aplicação de leitura da Learning Ally ajudou os alunos com deficiência a ultrapassar as barreiras da leitura, a melhorar a compreensão e a participar mais plenamente nas discussões e tarefas da sala de aula, promovendo a literacia e o sucesso académico.

- **O programa Empower Me do Brain Power:**

Visão geral: O Empower Me da Brain Power é um programa de treino de competências sociais orientado para a IA, concebido para indivíduos do espetro do autismo.

Implementação: O Empower Me utiliza tecnologia de realidade aumentada (RA) e algoritmos de reconhecimento facial para fornecer feedback e formação em tempo real sobre interacções sociais, regulação emocional e competências de comunicação.

Impacto: Em contextos educativos, o Empower Me foi integrado em programas de formação de competências sociais e sessões de terapia para apoiar os alunos com autismo no desenvolvimento de competências sociais, na construção de relações e na prosperidade em ambientes de aprendizagem inclusivos, promovendo o crescimento socio-emocional e interacções positivas entre pares.

- **Aplicação Lookout da Google:**

Descrição geral: A Lookout da Google é uma aplicação baseada em IA concebida para ajudar as pessoas com deficiências visuais a navegar no seu ambiente e a identificar objectos.

Implementação: Em contextos educativos, a aplicação Lookout tem sido utilizada por alunos com deficiência visual para aceder a materiais da sala de aula, localizar recursos e navegar de forma autónoma nos ambientes do campus.

Impacto: Ao tirar partido dos algoritmos de IA para reconhecimento de objectos e consciência espacial, a aplicação Lookout permitiu aos estudantes com deficiência visual navegar em ambientes educativos com confiança, aceder a materiais de aprendizagem em vários formatos e participar mais plenamente em actividades académicas e extracurriculares, promovendo a inclusão e a acessibilidade na educação.

- **Ferramentas de aprendizagem da Microsoft para acessibilidade:**

Descrição geral: As Ferramentas de Aprendizagem para Acessibilidade da Microsoft são um conjunto de funcionalidades alimentadas por IA e tecnologias de assistência concebidas para apoiar os alunos com diferenças de aprendizagem, incluindo dislexia, TDAH e disgrafia.

Implementação: As Ferramentas de Aprendizagem para a Acessibilidade foram integradas nas aplicações do Microsoft Office, incluindo o Word, o OneNote e o PowerPoint, para proporcionar aos alunos preferências de leitura personalizáveis, capacidades de conversão de texto em voz e funcionalidades de leitura imersiva.

Impacto: Ao tirar partido de funcionalidades baseadas em IA para a compreensão de texto e o processamento de linguagem, as Ferramentas de Aprendizagem para a Acessibilidade ajudaram os alunos com diferenças de aprendizagem a ultrapassar desafios de leitura, a melhorar as competências de escrita e a interagir com conteúdos digitais de forma mais eficaz, promovendo o sucesso académico e a autoconfiança no processo de aprendizagem.

- **IBM Watson Education: Consultor de professores com o Watson:**

  Visão geral: IBM Watson Education: O Teacher Advisor with Watson é uma plataforma de desenvolvimento profissional alimentada por IA, concebida para apoiar os professores no planeamento de aulas, no desenvolvimento de currículos e na tomada de decisões de ensino.

  Implementação: O Teacher Advisor com o Watson utiliza algoritmos de IA para analisar vastos repositórios de recursos educativos, normas curriculares e estratégias de ensino para fornecer recomendações personalizadas e conhecimentos aos educadores.

  Impacto: Ao tirar partido das recomendações baseadas em IA e da análise de dados, o Teacher Advisor com Watson ajuda os educadores a criar experiências de aprendizagem envolventes e diferenciadas, a adaptar a instrução para satisfazer as diversas necessidades dos alunos e a promover práticas de ensino eficazes que maximizam os resultados de aprendizagem dos alunos e os resultados académicos.

- **Voiceitt:**

Descrição geral: O Voiceitt é uma tecnologia de reconhecimento de voz baseada em IA, concebida para traduzir padrões de discurso não normalizados em discurso claro e compreensível em tempo real.

Implementação: Em contextos educativos, o Voiceitt foi integrado em dispositivos de comunicação e ferramentas de tecnologia de apoio para ajudar os alunos com deficiências da fala na comunicação verbal e no desenvolvimento da linguagem.

Impacto: Ao utilizar algoritmos de IA para o reconhecimento da fala e o processamento da linguagem natural, o Voiceitt permite que os alunos com dificuldades de fala comuniquem eficazmente com os colegas e os educadores, participem em debates na sala de aula e se expressem com confiança, melhorando a interação social e o envolvimento académico.

- **Aprendizagem de IA do Squirrel:**

Visão geral: A Squirrel AI Learning é uma plataforma de aprendizagem adaptativa orientada para a IA que fornece tutoria personalizada e apoio académico a alunos do ensino básico e secundário.

Implementação: A Squirrel AI Learning utiliza algoritmos de IA para avaliar os conhecimentos dos alunos, identificar lacunas de aprendizagem e fornecer percursos e intervenções de aprendizagem personalizados que visam competências e conceitos académicos específicos.

Impacto: Ao tirar partido das tecnologias de aprendizagem adaptativa baseadas em IA, a Squirrel AI Learning ajuda os alunos com diversas necessidades e capacidades de aprendizagem a progredir ao seu próprio ritmo, a dominar conteúdos desafiantes e a alcançar o sucesso académico, promovendo a auto-eficácia e uma mentalidade de crescimento na aprendizagem.

- **As competências Alexa do Amazon Echo para a educação:**

  Descrição geral: O Alexa Skills for Education do Amazon Echo é uma coleção de aplicações activadas por voz alimentadas por IA, concebidas para apoiar os alunos com deficiência no acesso a conteúdos educativos, na realização de trabalhos e na gestão de tarefas diárias.

  Implementação: O Alexa Skills for Education oferece uma série de funcionalidades, incluindo auxiliares de estudo activados por voz, questionários interactivos e lembretes de trabalhos de casa, que ajudam os alunos com deficiência a enfrentar os desafios educativos e a promover a independência na aprendizagem.

  Impacto: Ao tirar partido do reconhecimento de voz baseado em IA e das capacidades de processamento de linguagem natural, o Alexa Skills for Education permite que os alunos com deficiência acedam a recursos educativos, se mantenham organizados e participem em actividades de aprendizagem de forma mais eficiente e eficaz, melhorando o desempenho académico e a autoconfiança.

Estes estudos de caso demonstram as diversas aplicações e benefícios das implementações de IA na educação inclusiva, destacando o potencial das intervenções baseadas em IA para capacitar os alunos com deficiência, promover a acessibilidade e fomentar ambientes de aprendizagem inclusivos que celebrem a diversidade e apoiem as diversas necessidades de todos os alunos.

Ao chegarmos ao fim, encontramo-nos na intersecção entre a inovação e a inclusão na educação. Este é o ponto em que o potencial transformador das intervenções baseadas na IA se cruza com o imperativo de dar resposta às diversas necessidades de aprendizagem. Ao longo desta investigação, mergulhámos no panorama multifacetado da educação inclusiva. Investigámos os princípios, os desafios e as oportunidades inerentes ao processo de criação de ambientes de aprendizagem que celebram a diversidade, promovem a acessibilidade e permitem que todos os alunos prosperem.

Na sua essência, a educação inclusiva caracteriza-se por um compromisso fundamental com a equidade, o acesso e a pertença de todos e cada um dos alunos, independentemente da sua origem, capacidades ou diferenças nos estilos de aprendizagem. Esta filosofia vai para além das ideias convencionais que estão associadas à educação. Obriga-nos a repensar as formas como ensinamos e aprendemos, olhando para elas através da lente da inclusão, empatia e respeito pelas qualidades únicas que cada pessoa possui. Uma educação inclusiva reconhece o valor inerente e o potencial de cada aluno e abraça a diversidade como uma fonte de força e enriquecimento na experiência educativa.

O reconhecimento das exigências e dificuldades educativas específicas com que se deparam os alunos com deficiências e necessidades especiais é o princípio fundamental que está na base da educação inclusiva atual. Este grupo de estudantes, que é frequentemente excluído e mal servido em ambientes educativos convencionais, tem muito a ganhar com as aplicações inovadoras das tecnologias de inteligência artificial no domínio da educação. As intervenções orientadas para a IA fornecem soluções individualizadas que permitem aos alunos com deficiência aceder a conteúdos educativos, participar nas actividades da sala de aula e realizar todo o seu potencial. Estas soluções vão desde plataformas de aprendizagem personalizadas a dispositivos de comunicação aumentada.

Os estudos de caso apresentados neste capítulo servem como ilustrações convincentes do impacto transformador que a implementação da IA na educação inclusiva pode ter. As pessoas com mobilidade reduzida podem beneficiar do software inovador desenvolvido pela Sesame Enable, e os alunos com dislexia podem beneficiar da aplicação de leitura desenvolvida pela Learning Ally. Cada um destes exemplos demonstra o poder da inteligência artificial para eliminar barreiras, incentivar a independência e promover a acessibilidade em ambientes educativos. Estas histórias de sucesso revelam as formas profundas como as intervenções baseadas na IA estão a remodelar o panorama educativo, abrindo assim portas de oportunidades e possibilidades para os alunos que têm uma variedade de necessidades de aprendizagem.

A incorporação de tecnologias de inteligência artificial no ensino inclusivo é promissora não só para os alunos com deficiência, mas também para os professores. As plataformas alimentadas por inteligência artificial, como o Teacher Advisor com Watson, o Squirrel AI Learning e outras, fornecem aos educadores ferramentas e recursos inestimáveis para a instrução individualizada, a tomada de decisões com base em dados e oportunidades adicionais de desenvolvimento profissional. Os educadores podem adaptar o ensino para satisfazer as diferentes necessidades dos seus alunos, diferenciar as experiências de aprendizagem e otimizar as práticas de ensino, a fim de promover a participação dos alunos e o sucesso académico. Isto é possível graças à utilização de conhecimentos e análises desenvolvidos pela inteligência artificial.

É essencial que reconheçamos que a jornada em direção à equidade e à inclusão é um processo contínuo que envolve uma variedade de aspectos diferentes à medida que contemplamos o potencial transformador da inteligência artificial na educação inclusiva. Embora as tecnologias de inteligência artificial apresentem oportunidades sem precedentes para a inovação e a capacitação, também apresentam considerações éticas, desafios e complexidades que precisam de ser cuidadosamente navegados antes da sua implementação. Para que as implementações da inteligência artificial (IA) na educação sejam bem-sucedidas e sustentáveis, é da maior importância garantir que elas respeitem os padrões éticos, sejam sensíveis às normas culturais e se baseiem em princípios de equidade e justiça social.

Quando olhamos para o futuro, vemos que o futuro da educação inclusiva está repleto de possibilidades ilimitadas. Estas possibilidades são impulsionadas pela intersecção entre a inovação da inteligência artificial, a excelência pedagógica e um compromisso dedicado à equidade e à inclusão. Ao abraçarmos o potencial transformador das tecnologias de inteligência artificial, ao aproveitarmos o seu poder para amplificar diversas vozes e perspectivas e ao cultivarmos parcerias de colaboração entre as partes interessadas, conseguimos criar ambientes de aprendizagem que respeitam a dignidade, o valor e o potencial de todos os alunos.

Em conclusão, a viagem em direção à educação inclusiva não é apenas um destino, mas antes uma busca contínua. É um compromisso para a criação de um mundo em que todos os alunos se sintam vistos, ouvidos e valorizados; em que a diversidade seja celebrada; e em que as barreiras à aprendizagem sejam desmanteladas. Nas páginas que se seguem, continuaremos a nossa investigação sobre a paisagem em constante mudança da educação inclusiva, descobrindo novos conhecimentos, inovações e oportunidades para promover a equidade, o acesso e a excelência na educação para todos os alunos, tanto no presente como para as gerações futuras.

REFERÊNCIAS

1. Miailhe, N., Hodes, C., Jain, A., Iliadis, N., Alanoca, S., & Png, J. (2019). IA para objectivos de desenvolvimento sustentável. *Delphi, 2*, 207.
2. Kabudi, T. M. (2022, maio). Inteligência Artificial para uma Educação de Qualidade: Sucessos e desafios para a IA no cumprimento do SDG4. Na *Conferência Internacional sobre Implicações Sociais dos Computadores nos Países em Desenvolvimento* (pp. 347-362). Cham: Springer International Publishing.
3. Adeshina, S. A., & Aina, O. (2023). O papel da IA nos ODS: uma perspetiva africana. Em *A Ética da Inteligência Artificial para os Objectivos de Desenvolvimento Sustentável* (pp. 133-143). Cham: Springer International Publishing.
4. Mann, S., & Hilbert, M. (2018). AI4D: inteligência artificial para o desenvolvimento. *Disponível em SSRN 3197383.*
5. Meitei, A. J., Rai, P., & Rajkishan, S. S. (2023). Aplicação de técnicas de IA/ML na consecução dos ODS: um estudo bibliométrico. *Ambiente, Desenvolvimento e Sustentabilidade*, 1-37.
6. Cowls, J., Tsamados, A., Taddeo, M., & Floridi, L. (2021). Uma definição, referência e base de dados de iniciativas de IA para o bem social. *Nature Machine Intelligence, 3*(2), 111-115.
7. Miao, F., Holmes, W., Huang, R., & Zhang, H. (2021). *IA e educação: Uma orientação para os formuladores de políticas*. Publicação da UNESCO.
8. Yeh, S. C., Wu, A. W., Yu, H. C., Wu, H. C., Kuo, Y. P., & Chen, P. X. (2021). Perceção pública da inteligência artificial e suas conexões com os objetivos de desenvolvimento sustentável. *Sustentabilidade, 13*(16), 9165.
9. Sætra, H. S. (2021). Um quadro para avaliar e divulgar os impactos da IA relacionados com o ESG com os ODS. *Sustentabilidade, 13*(15), 8503.

10. Goralski, M. A., & Tan, T. K. (2020). Inteligência artificial e desenvolvimento sustentável. *The International Journal of Management Education*, *18*(1), 100330.

11. Bjola, C. (2022). IA para o desenvolvimento: Implications for theory and practice. *Oxford Development Studies*, *50*(1), 78-90.

Printed by Books on Demand GmbH, Norderstedt / Germany